인생2막

귀농귀촌 꿈을 이루다

인생2막

귀농귀촌
꿈을 이루다

김수남 지음

뱅크북

못 하나도 못 박는 남자, 귀농귀촌의 꿈을 이루다.

나이 마흔셋이면 한창 왕성하게 일할 나이다. 오랫동안 인천에 살았는데 서울과 인천을 오가며 작은 사업을 했었다. 쳇바퀴 같은 생활이라 딴 생각할 겨를이 없었을 터인데도 그 나이에 귀농귀촌이란 계획을 구체적으로 수립했다. 아마도 일했던 분야가 농촌과 관계가 있어서 남보다 더 쉽게 결정을 했을 것이다. 당시, 관광 컨설팅 회사를 운영하고 있었는데 농촌체험마을 개발과 교육, 관광상품 개발 등이 주 업무였다. 그러다 보니 자연스레 농촌을 자주 가게 되었고 주저 없이 귀농의 꿈도 키울 수 있었다. 한 발 더 나아가, 귀농계획에만 그치지 않고 농촌지역에 땅까지 매입하기에 이르렀다.

귀농을 하는 형태를 보면 여러 가지 사례가 있다. 보통은 온 가족이 전입 신고와 함께 이사하는 경우가 일반적이지만 가끔은 몸이 먼저 와서 임시 거처를 마련한 뒤 어느 정도 정착을 하면 주소를 옮기고 땅도 사고 집도 짓는 경우도 있다. 이런 경우엔 가족 중 한 명이 와서 터를 닦아 놓은 뒤 나중에 가족 구성원이 모두 내려오기도 한다. 또 도시와 농촌을 오가며 이중생활을 하는 경우도 제법 많다. 그러다가 농촌 사정이 어느 정도 안정이 되면 도시 생활을 정리하여 농촌으로 이사하면서 정

식으로 전입신고를 하곤 한다. 몸은 내려오지도 않았는데 덜컥 주소만 옮겨 놓는 경우도 드물기는 하지만 종종 있다. 농지를 사려면 농지원부가 있어야 하는데 그 과정에서 주소를 옮겨 놓기 때문이다.

보통은 대지가 아닌 농지를 사서 용도를 변경시켜 집을 짓는 경우가 많다. 물론 귀농인 중에는 지어진 집을 사서 이사하는 경우도 있다. 그러나 많은 귀농인들이 직접 본인의 취향대로 집을 지어 살고 싶어 하기 때문에 '맨 땅'인 농지가 단연 인기다. 당연히, 가격도 싸다.

아내와 합심하여 산 땅은 밭 1,000평이었다. 땅을 사고 주소를 옮기긴 했지만 당장 집을 짓거나 이사할 형편은 못 되었다. 서울에 작으나마 사업체가 정상 운영되고 있었고 아직 아이들도 손이 많이 갈 나이였다. 그렇다고 새로 산 밭을 놀릴 수는 없는 일이다. 그래서 밭에다가 나무를 심어 놓기로 하였다. 당시에는 '효소' 만드는 것이 열풍이어서 효소재로 인기가 높았던 개복숭아나무를 심었다. 개복숭아나무는 자연적으로 자라서 특별히 손이 안 간다는 점이 끌렸다 (사실은 그렇지 않았지만). 자주 내려올 수 없는데 나무가 제 알아서 잘 자란다니 얼마나 고마운 일인가. 결과적으로 개복숭아 농사는 실패하고 말았다.

개복숭아는 뿌리가 천근성[1] 이어서 땅 속 깊게 들어가지 않는다. 개

---

1) 천근성: 뿌리가 깊게 뻗어 내리지 않고 지표면 가까이 분포하는 식물

복숭아가 식재된 밭은 바람의 영향을 많이 받는 기후와 지형이어서 쓰러지는 일이 잦았다. 게다가 바닷바람 탓인지 병충해에도 약했다. 태풍이 한번 지나가고 어찌어찌 신경을 못쓰다 보니 개복숭아밭은 쑥대밭이 되고 말았다.

지금 개복숭아밭은 없어졌지만 이름은 남아있다. 당시 심었던 개복숭아에서 '도(桃)'를 가져와 훗날 사업체 이름을 '선운도원'이라 지었기 때문이다. '선운'은 뒷산인 선운산에서 가져온 이름이다.

2011년 5월, 나이 마흔다섯에 드디어 귀농의 꿈을 실현하다.

'말로만 귀농'에서 '완전한 이사'까지는 약 2년이 걸렸다. 마을에 빈집이 있다고 하여 둘러보니 낡기는 하였어도 제법 기거할 정도는 되어 보여 세를 얻었다. '기거할 정도'라는 것도 기거하는 사람에 따라 상대적인 것이다. 내 뒤를 이어 그 집에 세를 들어 온 이는 일산에서 왔다는 60대 귀농인이었다. 그는 하룻밤 자고 난 뒤에 "이런 곳은 사람 살 집이 아니다."라고 하면서 바로 짐 싸서 올라가 버리고 말았다.

빈집은 마을 안에 있었는데 지대가 좀 높아서 다른 집들이 모두 내려다보이는, 전망도 제법 괜찮은 곳이었다. 흙집을 한번 손대서 보수한 집

이었는데 방이 3개나 되었고 약식으로 주방 한 켠에 화장실도 놓여 있었다. 관리하던 동네 아저씨가 보일러를 중고로 교체해 주었는데 가끔 한 번씩 속을 썩이곤 하였다. 1년에 50만 원 임대료를 주고 살기로 했는데 첫 해는 집 고치느라 돈도 많이 들어갈 것이니 절반인 25만 원만 내라고 하였다. 농촌에는 월세나 전세가 거의 없고 연세(年貰)가 대부분임을 그때 처음 알았는데 다행스럽게 마음씨 좋은 관리인을 만난 셈이다.

꿈에 그리던 귀농을 실현했다는 행복감에 우리 부부는 너덜너덜 떨어져 나간 양철 처마, 삐거덕거리는 낡은 샤시에도 감사했다. 천정에선 쥐들이 달리기 시합도 하였다. 우스개소리로 우리는 복층 구조인데 위에선 서생원들이 산다고 주위에 말하곤 하였다. 우리 집이 마을에서 제일 높다 보니 집 바로 뒤엔 나지막한 동산이 이어졌다. 자연스레 야생동물의 방문도 잦았다. 첫 해, 1년 동안 앞마당에서 뱀을 4번이나 목격했다. 제초제를 뿌리지 않아서인지 민달팽이도 실내에서 자주 눈에 띄었고 바다가 가깝다 보니 도둑게 역시 방 안까지 자주 들어왔다. 사그락거리는 소리에 놀라 눈을 돌려보면 어김없이 게 한 마리가 태연히 장판 위를 기어가고 있었다.

그래도 다행스러운 게 남들 무용담처럼 뱀이 실내에 들어온 적은 없었다. 만약 그런 일이 있었다면 둘 중 한 사람이 짐 싸서 다시 올라갔을

지도 모를 일이다.

　그 집은 원래 99세 되신 할머니가 돌아가시고 나서 몇 달간 빈 집으로 방치된 것을 우리가 인연이 닿아 입주한 것이다. 살다보니 왜 할머니가 100세를 채우지 못하고 돌아가셨는지 알 것 같았다. 집이 너무 불편하였다. 그걸 참고 산 게 용할 정도였는데 무던한 성격 도움을 받았다. 그런대로 적응하며 살아가던 그 무던한 성격은 이후 귀농생활에서 한편으론 도움도 되고 또 한편으론 걸림돌도 되었다.

　인심 좋은 집주인을 만나서 도움을 많이 받았다. 도시에서 온 젊은 사람이 할 줄 아는 것이 전혀 없으니 가끔 아들을 시켜 앞 마당의 풀을 예초기로 깎아주고 간단한 집수리도 손수 해주셨다. 아주 고마운 일이고 한편으론 민망스러운 일이다. 예초기 돌리는 일이든, 집 고치는 일이든 무엇이든 이제 직접 해결해야 하지만 흔히 이야기하는 '못 하나도 못 박는 남자'이다 보니 그런 일들이 어렵게만 느껴졌다. 갖추지 못한 시골살이의 필수 스킬들이 아직도 아킬레스건처럼 따라다닌다.

　마을에 또래가 없고 어르신들만 많다 보니 좋은 점도 많고 불편한 점도 많았다. 젊은 사람이 왔다고 마을 어른들이 좋아하시고 예쁘게 봐주는 것은 좋은 점이다. 반면 또래가 없어서 허물없이 함께 어울릴만한 마을사람이 없다는 것은 불편한 일이다. 마을 울력에 빠지지 않고 나가고

마을 안길에서 만나는 사람마다 인사하는 것 (상대가 동네사람인지 누구인지 알지도 못하면서) 등은 그다지 불편한 일은 아니다.

우리 부부는 그 집에서 1년 반을 지냈다. 더 오래 살지 못한 것은 순전히 추운 겨울 때문이었다. 시골은 대부분 기름보일러인데 효율이 떨어져서 온도를 높여도 따뜻하지 않았고 기름값 부담도 컸다. 그래서 농촌의 노인들이 지내는 방식대로 보일러 온도를 적당히 하고 전기매트에 의존하면서 지냈다. 도시에서 가져온 가스 캐비넷히터를 안방에 들여놓고 살았을 정도다. 이불 덮고 누우면 입에서 찬기가 뿜어져 나왔다. 겨울한 철을 간신히 넘기고 나서는 두 번은 못나겠다 싶어 맞은 편 마을에 새로 땅을 마련하고 집을 짓기 시작하였다. 추석에 시작된 공사는 이런 저런 사정으로 지연되어 해를 넘긴 1월이 되어서야 완공되어 이사를 할수 있었다. 겨울을 한 번하고도 절반 정도 그 집에서 보낸 셈이다. 빈집에서의 1년 반이 귀농생활에서 좋은 경험이 되었음은 두말할 필요가 없다.

2014년, 새로운 꿈을 꾸다

새로 지은 집은 주택과 공장, 사무실이 절충된 다목적 구조였다. 집을 처음 짓다 보니 집 짓는다는 것 자체가 설레고 흥분되어 설계나 건축공법 등은 크게 신경 쓰지 못하였다. 경량철골(흔히 이야기 하는 '조립식')이 당시 귀농인들의 대세 건축공법이었는데 공사기간이 짧고 건축비도 적게 들었으며 집 모양내기도 좋았다. 그런 장점에도 불구하고 '스티로폼으로 지은 집'이라는 오명을 벗기 힘들었다.

3가지 기능 중 핵심은 공장이었다. 농산물 가공 식품회사를 조그맣게 운영해 보고 싶은 게 오래전부터의 바람이었기에 농지를 공장용지로 바꾸고 주거공간인 주택과 한 지붕 아래에 생산시설을 만들었다.

처음엔 절임류인 장아찌를 취급했다. 가공사업은 하고 싶었는데 돈이 없었다. 궁리해보니 장아찌는 싱크대만 있어도 될 것 같았다. 그렇게 해서 '선운산 산야초 장아찌'가 태어났다. 몇 번 생산을 해보니 장아찌 사업이 생각보다 손이 많이 갔다. 별다른 기계 없어도 할 수 있다는 게 장점이자 단점이었던 것이다. 고민 끝에 생산 몇 개월 만에 인력 비중이 너무 높다는 이유로 두 손을 들고 말았다. 그리곤 휴지기를 가졌다. 품목 선택을 신중하게 하잔 뜻으로 쉬면서 많은 고민을 하였다.

그러다 집어든 품목이 조청이었다. 조청 역시 새벽부터 밤늦게까지 일하였기에 노동강도는 센 편이었다. 그렇지만 유통기한이 길어서 판매 부담이 덜했고 사람이 해야 할 일을 상당부분 기계에 맡기니 효율이 올랐다. 운 좋게도 행정기관의 도움을 받을 수 있어서 걸림돌이었던 경제

적인 문제도 해결이 되었다. 그렇게 '화산조청'브랜드가 태어났다.

귀농하여 살다 보니 무엇이든 해보고 싶은 것은 다 해볼 수 있다는 건 큰 매력이었다. 키우고 싶은 동물 키울 수 있고 심고 싶은 작물 심을 수 있다. 지역공동체가 주가 되는 다양한 사회, 문화사업도 주위 도움을 받아 쉽게 할 수 있으며 경제활동도 얼마든지 할 수 있다.

지금은 선운산 아래 작은 삶의 터전에서 유연자적 전원생활을 만끽하고 있다. 자연환경이 빼어난 곳에서 심리적으로 여유를 갖고 사는 삶도 만족스럽고 규모는 작지만 새로운 사업을 시작하면서 갖게 된 노동의 즐거움도 자랑할 만하다.

인생을 곧잘 여행에 비유하곤 한다. 하나의 길만 오래도록 걷는 여행이라면 여행의 참맛을 느끼지 못할 것이다. 반듯한 길이나 넓은 길 또한 걷는 맛이 크지 않을 것이다. 새로운 곳에서 새롭게 마주한 도전, 이 길 위의 여행이 참으로 설레고 흥이 난다. 만족한다. 그래서 행복하다.

임인년을 맞이하여 선운산 자락에서
김수남

목차

제5장 행복한 귀농귀촌을 위하여

1

귀농귀촌,
무엇을 준비해야 할까?

1. 농촌의 특징을 이해하자

'촌놈'이란 말이 있다. 도시 물정, 세상 물정 잘 모르는 시골 사람들을 얕잡아 부르는 말이다. 요즘은 도시문화의 부작용, 도시에 대한 피로도가 극심해 오히려 '촌놈'이란 말이 더 정겹게 들리기도 한다.

반면에 도시에서 태어났거나 태어나지는 않았어도 도시에서 오래 생활한 사람들이 시골 가면 시골 물정 모르는 촌놈이 될 수밖에 없다. '도시 촌놈'이다.

도시 촌놈 소리 안 들으려면 충분히 공부를 하고 농촌으로 들어가야 한다. 특히, 도시와 다른 농촌의 특징을 이해한다면 귀농귀촌 처세와 적응에 큰 도움이 될 것이다. 그렇다면 농촌만의 특징은 어떤 것들이 있을까? 십 년 넘게 살면서 느낀 것을 몇 가지로 추려 보았다.

1) 공동체 의식이 강하다.

농촌의 가장 큰 특징은 공동체 의식이 강하다는 점이다. 대부분의 농촌 주민들은 출생에서 사망까지 같은 동네에서 함께 한다. 학교를 다니고 직장을 다니느라 잠깐 객지 생활을 하기도 하지만 '수구초심(首丘初心)'이란 말처럼 다시 고향으로 돌아오는 경우가 많다. 그렇게 오랫동안 함께 살아왔으니 '우리'라는 공동체 의식이 끈끈할 수밖에 없다. 게다가 우리 농촌은 집성촌이 많음에 알 수 있듯이 혈연관계가 더해졌다. 지연·혈연·학연이 촘촘하게 얽혀져 있는 곳이 바로 농촌이다.

강한 공동체 의식은 농촌 특유의 공동체문화를 만들어냈다. 도시 사람에겐 찾아볼 수 없는 애향심이 대표적이다. 마을에서 무슨 행사나 잔치라도 한다면 비록 지금은 그 마을에서 살지 않아도 선뜻 성금을 쾌척하는 곳이 농촌 사람들이다. 그 마을에서 태어나고 자랐기 때문에 지금 비록 떨어져 산다고 하여도 '나의 마을'이란 생각을 버리지 않는다. 농촌에서 열리는 크고 작은 행사들은 공식적인 경비 외에도 이렇게 자발적으로 모아진 성금에 의해서 운영이 된다. 거액의 성금을 냈어도 보답이 돌아가는 건 없다. 그저 '누가' 성금을 냈다는 사실이 알려진 것에 만족해 한다. 출향민들은 '재경향우회'같은 조직을 만들어서 고향에서 어렵게 공부하는 학생들에게 장학금을 주고 고향의 농산물을 팔아주고 고향에서 열리는 행사에 버스를 동원해 내려가서 힘을 실어주곤 한다.

그러다 보니 선후배 간의 위계질서가 엄격하고 예의범절이 확실하다. 농촌의 공동체 조직 중에서 지역의 현안에 적극적으로 참여하고 지역 일을 도맡아 하는 곳으로 청년회가 대표적이다. 선후배 간의 위계를 바탕으로 조직되었는데 유사한 단체도 여럿 있다. 옆집에 누가 사는지 모르는 도시와 근본적으로 구별되는 특징이다.

이웃과 가족같이 지내는 풍습 또한 끈끈한 공동체 의식을 바탕으로 하고 있다. 아침 일찍 이웃에 사는 손님이 찾아오면 이부자리를 대충 한쪽으로 밀어놓고 이웃을 앉히는 곳이 농촌이다. 이웃집을 찾아가기 전에 미리 놀러 가도 되냐고 묻는 경우는 없다. 밭일하다 말고 불쑥 찾아와 소주라도 한 병 내놓으라고 하는 곳이 농촌이다. 그렇게 어우러져 살다 보니 이웃집 숟가락이 몇 개인지 훤히 꿰고 있다는 말이 나오게 된 것이다.

이처럼 허물없이 이웃과 가족같이 지내는 문화는 사생활을 존중받고 싶어 하는 도시사람들이 한동안 적응하지 못해 애를 먹는 대표적 사례다. 너무 이른 시각이니 나중에 놀러 오라고 하거나 지금 다른 중요한 일 때문에 함께 소주 마실 여건이 안 된다고 정중히 사양했다고 치자, 한두 번은 그럴 수 있겠지만 두서너 번 그리하다 보면 그 이웃은 다시는 놀러 오지 않게 된다.

공동체 의식이 강하다 보니 귀농인들을 힘들게 하는 경우도 생긴다. 바로 '텃세 문화'다. 귀농인이 그 지역 공동체에 편입하는 것은 코흘리개 시절부터 수십 년을 함께 살아온 사람들 틈에 끼어드는 셈이니 텃세가 없으면 이 또한 이상한 일이다. 그들이 대대로 일궈놓은 환경과 문화, 생활기반 속으로 처음 보는 외지인이 무임승차 하려는 격이지 않은가! 텃세는 자기 영역, 자기 생활, 자기 생명을 지키려는 동물의 본능 중 하나다. 오히려 지구상 동물 중에서 가장 텃세가 약한 것이 바로 인간이라는 말도 있다. 귀농하여 닭을 키워 본 사람은 알겠지만 잘 살고 있는 닭 우

애향심을 고취시키고 주민들과 출향민들의 소통 한마당이 되는 면민 행사

리에 다른 곳에서 가져온 닭을 집어넣으면 쪼아서 죽이기도 한다. 그래서 닭은 병아리 때부터 함께 키우는 것이다. 그런 것을 보면 귀농귀촌에 있어서 어느 정도의 텃세는 감수하고 마을로 들어가는 것이 마음이 편하다.

2) 농자천하지대본

농촌은 두말할 것 없이 농업 중심의 사회다. 농업 중심의 사회다 보니 모든 것이 농업, 농업인 중심으로 돌아간다. 마을의 주요 행사도 농한기 때 일정 잡기 마련이고 모정[2]에서 한담을 나누는 마을주민들의 화젯거리도 대개 농사 이야기다. 경운기로 농로를 가로막고 농작업을 하면 차 다니는 길을 막았다고 항의하지 않고 조용히 차를 돌려 다른 길을 찾는 주민들의 모습은 농업을 우선시하는 지역의 정서를 단적으로 말해준다. 마을의 중심 금융기관은 농협이고 대형할인마트 역할을 하는 것도 농협에서 운영하는 자그마한 농협하나로마트이다.

귀농인들 중에는 농사를 짓지 않는 순수 '귀촌형'도 있는데 농사를 짓지 않다 보니 마을주민들과 소통하는데 문제가 생긴다. 마을주민들이 삼삼오오 모여 대화를 나누는데 끼고 싶어도 낄 수가 없다. 온통 알아들을 수 없는 농사 이야기뿐이다. 마을주민들은 대개 품앗이를 함께 하며 농사를 짓는데 이런데 빠진다는 것은 주민들과 소통하는 데 큰 걸림돌이다. 공동 경작을 통해 서로 속 깊은 대화도 나누고 술도 한 잔씩 하면서 노동의 피로도 덜고 서로의 고민을 나누는 곳이 농촌이다.

따라서 농사를 짓지 않는 마을 주민들 (예를 들어, 읍내로 직장을 다닌다거나 음식점과 같이 상업이나 서비스업에 종사한다거나 등)은 마을 공동체 일원으로서 더욱 노력해야 주민들과 하나가 될 수 있다. 마을 경조사에 빠지지 않고 참석하는 건 물론이고 마을에 행사가 있을 때 작으나마 성의를 담아 봉투라도 쾌척할 수 있어야 한다. 마을 주민들이 아침 일찍 모여 마을 청소와 같은 울력을 하는 날, 출근하는 몸이라 함께 하지 못한다면 음료수 한 박스라도 수고하신다는 인사말과 함께 내놓고 나간다면 마을주민들 모두가 좋아할 것이다.

---

2) 모정(茅亭)은 마을 초입이나 중심부에 위치한 마을 주민들의 쉼터이다. '시정'이라고도 하며 특히 전라도 지방의 촌락구조에서 많이 찾아볼 수 있다.

3) 불안정한 인구구조

오늘날 농촌의 가장 큰 당면과제가 인구 문제다.

급감하는 인구는 마을의 활력을 떨어뜨린다. 옛날에는 빈집이 늘어난다고 하였는데 요즘은 빈 마을이 생길 정도다. 지자체마다 귀농귀촌인 유치에 팔을 걷고 나서지만 자연감소분을 메우진 못하고 있다.

인구를 늘리는 데는 단순히 귀농귀촌인 유입으로 해결될 게 아니다. 가장 중요한 건 경제활동이 안정적으로 보장이 되어야 젊은 사람들이 도시로 빠져나가질 않는데 이게 쉽지 않은 현실이다. 더불어 교육환경, 문화생활, 의료편의시설 등이 고루 뒷받침 되어야 한다.

어쨌거나 마을마다 젊으면 50대, 아니면 60대가 주축이 되어 마을을 이끌고 있다. 독거노인도 많아서 사소한 집수리와 같이 간단한 문제도 해결을 못할 때가 많다. 젊은 귀농인의 역할이 크다.

소재지나 읍내에 나와서 동네 어른을 봤다면 차를 태워 드린다거나, 넉넉한 반찬이 있다면 조금 덜어 갖다 드린다거나, 면사무소 민원 일을 도와드리는 등 귀농인의 사소한 도움도 마을 어른들에겐 큰 힘이 된다.

노령인구만 많은 게 아니다. 농촌에는 조손가정도 많다. 이혼한 아들이 사정상 아이를 놔두고 경제활동을 위해 도시로 나간 경우가 대표적이다. 마을주민들 모두가 관심과 사랑으로 돌봐줘야 할 일이다.

4) '마을법'이 따로 있다

오랜 공동체의식으로 다져진 문화답게 농촌에는 마을마다 마을법이 있다. 우리나라의 최고 상위 법은 헌법이다. 그러나 적어도 농촌에서는 마을마다의 마을법이 있어 헌법 못지않은 위력을 지닌다.

마을법은 성문법이 아니어서 법전이 따로 있는 건 아니다. 일목요연하게 정리되어 있는 것도 아니다. 지키지 않았다고 해서 경찰관이 달려와 잡아가는 법도 아니다. 대대로 같은 방식으로 살다 보니 절로 만들어진 마을공동체의 규범이다.

그렇게 이어 전해오는 마을법이 도시민의 시각에선 비합리적이고 모순투성이 일지도 모른다. 하지만 그런 마을법이 오늘날 도시와 다른 농촌을 지탱하는 힘이 되었다. 결국 마을법의 존재를 이해하고 받아들이는지의 여부는 완전한 그 마을의 주민이 되었는지를 판가름하는 기준이

마을 모정에서 함께 음식을 만들어 먹으며 농한기를 보내는 주민들

기도 하다.

　도시적인 잣대로 농촌의 마을법을 무시하고 받아들이지 않는다면 어떻게 될까? 범법자가 되어 법적인 처벌을 받는 건 아니겠지만 마을에서 편하게 살지는 못할 것이다. 반대로 마을법을 잘 지키고 따른다면 마을 주민들이 입을 모아 인정해줄 것이다.

　"마을사람 다 되었네!"

2. 귀농 결정, 무엇이 두려운가요?

1) 뭘 해서 먹고 사나? (경제 활동)

귀농을 결정하는 데 있어서 두려움이 되는 걸림돌 3가지를 손꼽으라고 한다면 개인에 따라 차이가 있겠지만 첫째, 경제 활동에 관한 문제, 두 번째는 인간관계의 단절에 대한 걱정 그리고 상대적으로 열세인 여러 가지 문화적 환경에 대한 걱정을 들 수 있다. 학생을 자녀로 둔 가정인 경우엔 교육적인 문제도 고민이 클 수밖에 없다. 그러나 이들 상당 부분이 귀농생활에 대한 오해와 무경험에서 오는 불필요한 두려움들이다.

먼저, 경제활동에 관한 문제를 살펴보자. 도시에는 인구과밀형 사회구조가 말해주듯 다양한 직업들이 있다. 도시에 비하면 농촌의 직업군은 아무래도 단출하고 제한적일 수밖에 없다. 그러나 농촌도 사람 사는 곳이어서 도시에서 필요로 하는 직업의 대부분이 그대로 필요하다. 다만 차이라면 해당 직업에 대한 수요가 썩 많지 않다는 것이다. 반면에 공급도 많지 않다. 도시처럼 경쟁이 치열하지 않은 게 매력이다. 지역 특성에 따라 특정 직업 수요가 도시보다 많은 경우도 있다. 유명 관광지가 있는 시군에서 펜션이나 민박업이 성행하는 사례나 지역 대표 특산물을 활용한 가공사업장이 유독 많은 것 등이 그 사례다. 그러나 대체적으로 도시보다 시장이 작고 그 규모에 맞는 경쟁구도를 갖기 마련이다.

A군의 인구 3천 명이 채 되지 않는 B면을 놓고 예를 삼아보자. B면 면소재지에는 작은 동네 의원이 한 곳 있고 그 근처에 약국이 한 곳 있다. 이 작은 시골에 약국이 어찌 살아남을까 걱정하겠지만 그래도 휴폐업 없이 꾸준하게 영업하는 이유는 인구가 적은 만큼 약국 또한 한 곳밖에 없기 때문이다. 자연스레 수요와 공급이 조절된다. 읍내에 있는 작은 의원들도 마찬가지다. 소도시에서 환자가 얼마나 있을까 하는 생각이 들기도 하지만 막상 문을 열고 들어가면 도시보다 많은 환자들로 대기실이 꽉 차 있어 처음 방문한 사람을 놀라게 한다.

도시에서 경제생활을 해본 경험이 있는 사람이라면 농촌에서 뭘 하든 먹고살 수는 있다. 지역 토박이를 무시하는 건 아니지만 농촌에서 나고 농촌에서 자란 지역 토착민은 생각과 시선의 한계를 보여주는 경우가 가끔 있다. 넓은 세상을 바라보고 다양한 사회적 경험을 해 본 사람, 도시적 마인드를 가진 사람이 이 부분을 메워준다면 농촌의 발전에 큰 도움이 될 것이다.

사례1 가구 공방을 연 정씨

정씨는 도시에서 가구 공방을 운영하였다. 손재주가 있고 장비 다루는 솜씨도 능숙하여 정씨의 소가구는 도시에서도 인기가 좋았다.

정씨가 귀농을 한 곳은 B군의 군청소재지에서 30여분 떨어진 C면의 변두리였다. 마을주민은 30여 가구 되었는데 정씨는 살림집을 짓고 이어서 그 옆에 작업실을 따로 지었다. 그렇게 도시에서 하던 업이 귀농하여서도 이어졌는데 처음엔 마을 사람들의 우려가 컸다.

"저런 데서 비싼 수공예 가구가 어떻게 판매될까?"

그럼에도 불구하고 2년이 지나자 주문이 밀릴 정도가 되었다.

먼저, 집을 새로 짓는 귀농인들이 소문을 듣고 달려왔다. 고급스런 수공예 가구로 하나 둘 실내를 채우기 시작한 것이다. 또 다른 고객층은 정부의 보조금 지원사업을 통해 각종 사업을 추진하는 사람들이었다. 진열장, 책장, 책상 등을 수공예 가구로 만들어 실내를 꾸미니 훨씬 분위기가 고급스러웠다. 관공서에서도 발주가 들어왔다.

정씨는 재능기부 활동에도 열심이다. 귀농인 단체와 연계하여 노약자가 거주하는 집을 방문하여 목공 기술이 필요한 부분을 찾아 수리를 해주었다. 재능도 기부하고 사업도 홍보한 셈이다.

가끔은 경제활동에는 관심이 없고 텃밭이나 일구면서 여유롭게 살고 싶어서 귀농했다는 사람도 있다. 아직 경제 전선에서 일을 해도 될 만한 나이인데도 불구하고 생활에 어려움이 없다 보니 농사도 짓지 않고 별다른 일도 하지 않는다. 경제활동이 절박한 귀농인들 입장에서 보면 참

옛날 한옥을 활용하여
홈스테이 사업을 하고 있는 귀농인

부러울 수밖에 없다.

　그러나 시간이 지나면 이런 말을 했던 사람들도 경제활동을 할 수밖에 없게 된다. 우선 농촌이라는 곳이 텃밭만 가꾸면서 살기엔 참 지루한 곳이고 또 생활하다 보니 경제활동에 대한 의욕이 생길 수밖에 없기 때문이다. 경제적 여력이 많고 적음을 떠나서 적당한 경제활동을 함으로써 건강도 유지할 수 있고 삶의 의미도 찾을 수 있다.

2) 외로워서 어떻게 사나? (인간관계)

　도시에서는 친구들과 차도 마시고 여행도 가고 운동도 같이 하면서 나름대로 만족한 생활을 하였는데 그 친구들과 떨어진다는 것이 썩 내키는 일은 아니다. 친구라는 존재가 한 해 두 해 사귄 것도 아니고 오랫동안 만나면서 서로의 장단점을 잘 알고 서로에게 힘도 되었는데 그런 교우관계를 하루아침에 포기한다는 게 어디 쉬운 일이겠는가. 물론 친구야 또 사귀면 된다. 그러나 쉽지 않은 일이다. 생면부지의 사람들만 있는 낯선 타지에 정착을 하게되면 당연히 이웃 사귀는 데 신경이 쓰일 수밖에 없다. 지역민들과 도시인은 생활방식과 가치관이 확연히 달라서 서로 공통분모를 찾는 것도 쉽지 않다고 생각하기 때문이다.

그러나 사람 사는 곳은 다 똑같다. 농촌 지역 주민들의 정서와 특징을 파악하고 이해한다면 오히려 더 마음 편한 친구를 사귈 수 있다. 도시에 두고 온 친구들은 자주 만나지 못하니 멀어지는 느낌이야 들기는 하겠지만 완전히 잃는 건 아니다. 고향 친구처럼, 친정처럼 멀리서 애틋한 마음으로 만남을 이어갈 수 있다. 어떤 귀농인은 도시의 친구들을 위한 손님 전용 방을 따로 짓기도 했다.

새로운 친구를 사귀는데 있어서는 농촌에 사는 지역민들의 정서와 특징을 이해할 필요가 있다. 오랫동안 마을공동체의 일원으로 생활한 주민들은 이웃을 손님처럼 대한다기 보다는 가족처럼 대하는 경향이 있다. 스스럼이 없다는 뜻이다. 이런 특징을 빨리 이해하고 몸에 익힌다면 성공한 귀농이다.

그렇지만 귀농 5년차인 송씨는 아직도 농촌사람처럼 사는 게 익숙하지 않다.

사례2 손님이 손님 아니라는데

남편과 함께 5년 전에 귀농한 송씨는 지금도 손님맞이가 편치 않다. 마을사람들은 송씨 집 앞을 지나가다 아무 때나 불쑥 문 열고 들어와 송씨를 찾곤 한다. 프라이버시를 지키고 싶은 송씨에겐 참으로 당황스러운 일이 아닐 수 없다. 그렇다고 싫어하는 내색을 할 수도 없다. 한두 번이야 괜찮을지 몰라도 세 번 네 번이 되어버리면 마을사람들은 부담되어 송씨를 찾지 않게 되기 때문이다.

손님이라도 집안에 들이게 된다면 거실 청소를 깨끗하게 해야만 한다. 어지러운 모습을 보여주는 게 창피하고 최상의 모습을 보여주는 게 손님에 대한 예의라고 생각하기 때문이다. 그래서 지금도 마을 사람들을 편하게 집으로 불러들이는 것이나 집 안에서 식사 대접하는 것들이 불편하다. 외부 사람이 집안에서 밥을 같이 먹게 되면 반찬도 더 신경 써야 하고 이것저것 챙겨야 할 게 많다. 당연히 번거롭고 내키지 않는 일이다.

그러나 마을사람들은 송씨와 다르다. 거실에 침구와 속옷이 널려 있어도 한쪽으로 쭉 밀어 놓고 그 자리에 손님을 앉힌다. 별 반찬이 없어도 말 그대로 숟가락 하나 더 얹어서 함께 식사를 하곤 한다. 손님이 왔다고 해서 유난을 떨거나 별스럽게 대하진 않는다. 아니, 마을 사람들끼리는 서로를 손님이라 생각하지 않는다. 가족 대하듯 한다.

십 수 년을 함께 살았으니 어쩌면 떨어져 있는 가족보다도 더 가까운 사이일 것이다. 송씨도 마을사람들의 그런 정서를 모르는 게 아니다. 알면서도 몸에 익지 않아 여전히 신경이 많이 쓰이는 것이다.

　이웃과 허물없이 가까이 지내려면 몸에 밴 도시 습성을 하루빨리 농촌 스타일로 바꾸는 게 중요하다.

3) 극장과 병원은 어디에? (문화생활)

　아무리 외진 지역이라고 해도 1시간 남짓 거리에 도청 소재지나 커다란 대도시가 있기 마련이다. 고창을 예로 들어도 그렇다. 고창은 전라북도 끄트머리에 매달려 비교적 외진 지역이다. 도청 소재지인 전주에서도 가장 먼 곳에 위치해 있다. 그래도 1시간이면 전주에 닿을 수 있는 거

면 단위 지역에 위치한 대형 체육센터 면민들을 위해 무료로 운영된다.

리다. 또한, 고창 바로 밑은 전라남도 땅인데 광주광역시가 약 30~40분 남짓 거리에 있다. 전주나 광주를 교육이나 문화 소외지역이라 말하는 사람은 없을 것이다. 그곳엔 백화점과 할인마트 같은 쇼핑센터도 많고 대형 병원도 많다. 그렇다면 서울은 어떠한가. 서울 안에서 움직여도 이 동거리가 1시간 넘는 곳이 많다. 대중교통을 이용해도 그렇고 자가용을 이용한다면 더욱 짜증나고 스트레스 받는다.

배후도시 뿐만 아니라 소도시에도 아기자기한 문화 프로그램이 많다. 대도시 개봉관과 동시에 신작 프로그램을 감상할 수 있는 '작은영화관'을 운영하고 있는 곳도 많고 다양하지는 않지만 공연과 문화 행사를 대도시보다 저렴한 비용으로 즐길 수 있는 곳도 많다.

문제라면 문화생활을 즐길 장소가 없는 것이 아니라 문화생활 나설 여유가 없는 것일 것이다.

4) 학교 다니는 아이들은 어떡하나? (교육문제)

귀농을 망설이는 사람들 중에는 아이들 교육문제가 걸림돌이라 생각하는 사람들이 많다. 반면에 아이들 교육문제 때문에 또 귀농을 하는 가족도 있다. 이 시선의 차이는 무엇일까?

아이들의 나이가 어리고 초등학교와 같이 초급 교육기관에 다니면 대체로 귀농이 긍정적인 측면으로 이해된다. 즉, 자연 속에서 뛰놀면서 건강한 몸과 마음을 만들어 올바른 미래의 꿈을 키울 수 있을 것으로 생각하기 때문이다. 반면 중고등학교만 되어도 대학입시와 같은 상급 교육에 대한 기대치가 높아져 쉽게 도시 교육환경을 포기하기 어려운 게 현실이다.

결국 교육 철학의 문제이다. 부모의 의지와 역할에 따라서 치열한 경쟁 구도 속으로 아이들을 내몰 수도 있고 좀 더 여유있는 환경에서 아이들의 주체적 학습권을 존중해 줄 수도 있다. 잠재력이 크고 무한한 가능성을 지닌 아이들이기에 부모의 역할이 중요하겠지만 그 부작용도 있음을 생각한다면 교육에 있어서 정답은 없는 듯하다.

주위에는 초등생 자녀나 중고등학생 자녀를 데리고 귀농한 부부들이 제법 있다. 초등학교 학생들은 대체로 재미있게 학교생활을 하고 있고 고등학교 학생들은 졸업하여 외지 대학교로 진학하였다. 농촌의 몇몇 특성화된 고등학교들은 제법 인기도 있다. 농촌의 아이들은 확실히 '아이들'같다. 초등학생이나 고등학생의 부모가 소신있는 철학을 가지지 않았다면 귀농하지 못하였을 것이고 아이들은 밤늦도록 학교로 학원으로 뛰어다니기에 분주하였을 것이다.

흔한 경우는 아니지만 귀농인 중에는 아이를 학교에 보내지 않고 집에서 직접 가르치는 홈스쿨링을 하는 가정도 있다. 이 정도 되려면 큰 용기와 자신감이 필요한 일이다.

농업인에 대한 교육비 지원제도 때문에 귀농을 결정하는 경우는 없겠지만 귀농을 하게 되면 여러 가지 혜택을 받게 되어 큰 도움이 된다.

고등학교 자녀에 대한 입학금과 수업료 지원이 대표적이다. 대학교 입학 시에도 농어촌학생 대입 특례입학 지원제도를 운영하는 대학교들이 많아 혜택을 입을 수 있다. 고등학교 교육비 지원과 대학교 특례입학 지원은 해당 지자체나 대학교에 따라 조금씩 차이가 있다. 게다가 농업인 자녀에겐 대학교 등록금도 전액 무이자로 대출이 된다. 지역의 농협이나 수협에 조합원으로 가입이 되어 있다면 농협이나 수협에서 운영하는 장학금 제도 혜택도 받아볼 수 있다.

〈 농어촌출신 대학생 학자금 융자 〉

내용 : 등록금 전액을 무이자로 대출
　　　거치기간 최장 10년, 상환기간 최장 10년
　　　졸업 후 2년 뒤부터 대출금을 상환 (원금균등분할 상환)
　　　재학기간 동안은 상환 부담 없음

자격 : 1순위 – 농어촌 6개월 이상 거주 학부모의 자녀 또는 농어
　　　업에 종사하는 본인.
　　　기초생활수급자, 차상위계층, 장애인, 다문화, 다자녀가정(3
　　　자녀이상)
　　　2순위 – 농어촌지역에 거주하는 학부모의 자녀.

• 직전 학기 12학점 이상 이수(신입생, 편입생, 재입학생, 장애인,
　졸업학년 적용 제외)
• 직전 학기 소속대학 최저이수학점 또는 12학점 이상 이수, 70점
　이상(100점 만점) 성적 기준을 통과한 자

문의 : 한국장학재단 T. 1599-2000

3. 귀농 준비, 예습부터 한 걸음씩

부부가 고민 끝에 귀농귀촌 하기로 합의를 했다면 그 순간부터 본격적인 준비를 하여야 한다. 준비를 잘하면 시행착오를 줄일 수 있고 행복한 귀농귀촌 생활을 즐길 수 있다. 적응하는 데에는 시간이 필요하기 마련인데 준비가 부실하면 좌충우돌하면서 혼란기를 오래 겪을 가능성이 높다.

'준비'에는 여러 가지가 있다. 도시에서 하면 좋은 것들이 있고 내려가 농촌에 살면서 해도 되는 것들이 있다. 다행스럽게도 요즘은 각 지자체나 단체별로 귀농귀촌인들을 위한 교육 프로그램이 매우 활성화되어 있다.

전문 서적이나 신문, 잡지 등 매체를 활용하는 것은 기본이고 관련 인터넷 커뮤니티의 가입, 활동도 권할 만하다. 인터넷 커뮤니티에서는 매우 전문적이고 현실적이고 구체적인 정보를 접할 수 있다.

귀농을 하기로 결정하였다면 전체적인 계획을 일정표로 만든 후 차근차근 준비하는 것이 좋다. 가장 일반적인 귀농 준비 과정을 보면 다음과 같이 정리해 볼 수 있다.

1단계 - 단순 호기심 단계: 귀농에 대해 막연한 호기심을 가지고 있는 단계 또는 호기심에서 발전하여 '나도 귀농을 해볼까'하는 생각을 구체적으로 가지고 있는 단계. 귀농했을 경우의 여러 가지 상황에 대해 많은 고민을 하게 된다. 신문, 잡지, 서적 등 매체를 참고하며 귀농 여부를 결정하는 것도 좋다.

2단계 - 결정 단계: 지역을 정하고 귀농하기로 최종 결정한 단계. 여러 가지 자료를 수집하고 관련 교육을 듣는 단계이기도 하다. 2단계나 3단계에선 귀농 관련 인터넷 커뮤니티에 가입을 하여 같은 처지에 있는 사람들과 정보를 교류하며 여러 가지 도움을 받는 것도 좋다. 귀농 예정지를 자주 찾아가야 토지 마련 정보도 많이 얻을 수 있다.

3단계 - 토지 마련 단계: 귀농을 결정하기까지도 힘이 들지만 어디로 귀농할 것인지 장소를 정하는 문제도 쉽지 않은 일이다. 어느 지역의 어디로 귀농할 것인지 최종 결정하고 땅이나 집을 매입 또는 임대한다. 토지 구입에서 이사까지의 단계이다.

4단계 - 귀농 후 정착 단계: 각 행정기관에서는 귀농인들을 위하여 여러가지 교육을 많이 준비해 놓고 있다. 지역민들과 소통하고 어울리

면서 친구도 사귀어야 하지만 귀농생활의 깨알 같은 팁을 체계적으로
얻을 수 있는 귀농인 지역 프로그램도 놓쳐서는 안 된다.

사례3 귀농준비 교육

최씨 부부의 귀농 합의는 매우 순조로웠다. 오래전부터 도시 생활
에 염증을 느꼈던 최씨의 제안을 아내 강씨가 선뜻 승낙을 한 것이
다. 아내 강씨는 바른 먹거리와 전통음식, 건강한 자연주의 삶에 관
심이 많았다. 부부가 귀농 결정을 하자마자 강씨는 인근 여성교육센
터와 주민자치센터 등을 노크하였다. 한식, 일식, 제과제빵, 전통 떡
만들기 등 음식과 관련된 교육을 모두 섭렵하였다. 다행스럽게도 강
씨가 살고 있는 지역은 주민교육 프로그램이 매우 활성화되어 있어
서 큰 돈 들이지 않고도 고급 교육을 받을 수 있었다. 아로마테라피
도 배워 강사 자격증까지 확보하였다.

실제로 귀농한 뒤에는 음식 분야의 전문화된 교육경험들이 사회
활동 하는 데에 도움이 되었다. 강씨는 그러지 않았지만 도시에서
딴 강사 자격증을 활용하여 강의활동을 열심히 다니는 귀농인도 있
었다.

경쟁 지향적인 치열한 도시의 삶을 벗어 던지기로 결심한 최씨는
주민자치센터에서 평소 관심분야였던 서예와 한국화 기초를 배웠
다. 물론, 귀농한 후에는 틈틈이 글을 쓰거나 그림을 그리며 만족스
러운 생활을 보내고 있다. 게다가 귀농한 농촌에도 문화교육 프로그
램이 운영되고 있었는데 도시에서 배웠던 서예를 계속 이어 배우면
서 새로운 친구도 사귀며 교류하였다.

기술도 배우고 친구도 사귀는 귀농교육

　박씨는 귀농을 하기 전에 모 대학에서 진행하는 귀농귀촌 교육 프로그램을 이수하였다. 공부하러 다닐 때에는 먼 거리를 다니느라 힘들었지만 귀농한 후에는 그 때의 경험이 많은 도움이 되고 있다. 같이 공부하던 교육생들은 전국으로 흩어졌지만 여전히 끈끈한 유대감을 가지고 네트워크를 형성하고 있어 어렵고 힘들 때 서로 의지가 되고 있다.

　특히, 박씨는 소가구 만드는 법을 배웠는데 귀농 후에는 아주 유용한 기술이 되고 있다. 도시에서는 나무를 다룰 일이 별로 없지만 농촌에서는 웬만한 작업은 다 직접 해야 되는 상황이다. 나무로 우체통을 만들고 그네를 만들고 선반을 만들고 장식용품을 만드는 일이 새로운 취미가 되었을 정도다.

　농촌은 도시와는 모든 것이 다른 환경이다. 이웃과의 소통 방법, 경제활동 방법, 생활환경과 편의시설들, 주민들의 라이프 스타일 등등…… 새롭게 바뀐 환경에 빨리 적응하려면 미리미리 준비를 하는 것이 좋다.

　농촌이 모두 그런 건 아니지만 대부분 자급자족 문화가 일반화되어 있다. 도시에서는 화장실의 변기가 고장 나거나, 현관문의 잠금장치가 고장 나서 교체가 필요하거나, 하다못해 하수구가 막혀도 전문 업체에 연락하여 수리나 수선 작업을 맡긴다. 그렇지만 농촌은 그런 전문 업체들이 멀리 있는 경우가 많다. 가까이 있어도 맡기는 일은 없다. 웬만한 건 직접 집주인이 고친다. 집수리 같이 조금은 전문적인 영역의 일일지라도 집주인이 직접 하는 경우가 많다. 능력 밖의 일이라면 동네사람들의 손을 좀 빌리기도 한다. 정 해결할 수 없다면 그때서야 전문가를 부른다.

따라서, 간단한 집수리 기술, 목공예 기술 등을 배워두면 많은 도움이 된다. 안살림을 책임지고 있는 주부 입장도 다를 바 없다. 간단한 옷 수선기술만 배워도 읍내에 있는 세탁소 갈 일이 없다.

농사와 관련된 일은 귀농하여 정착하면서 배워도 늦지 않다. 어차피 현장에서 몸으로 부딪히며 배우는 것이 농사일이다. 또한 농사와 관련된 교육은 정착할 귀농지에서 비교적 많이 진행하고 있어 배우는데 어려움이 없다. 해당 지역의 기후나 토질, 재배여건 등이 고려된, 특화된 맞춤형 농사 교육이라 더 효과적이다.

사실 농사 교육보다 더 중요한 것은 귀농 후에 지역주민과 소통하고 교류하는 귀농처세술이다. 농촌에 적응하지 못하고 도시로 유턴하는 사람들의 대부분은 인간관계의 실패에 원인이 있다. 마을사람들에게 따돌림을 당한다거나, 지역주민과의 갈등으로 극심한 스트레스를 받는다거나 이웃과 교류가 없어 외로움을 느끼는 경우들이 경제적인 어려움보다 훨씬 많다.

따라서, 지역주민들의 정서와 성향을 이해하려는 노력이 필요하고 마음을 활짝 열어 소통하고 교류하여야 하는데 도시에서 예습하기엔 한계가 있다.

◀)) 학교도 다니고 인터넷 공부도 하고

요즘은 귀농하기 전에 체계적으로 귀농교육을 시키는 곳들이 많다. 귀농귀촌학교를 운영하고 있는 지방자치단체도 많은데 모집 대상이 귀농인 및 귀농하려고 준비하는 이들이다. 인구가 줄고 있는 지방자치단체 입장에서는 귀농인 유치에 사활을 걸만하다. 그래서 다양한 귀농인 유치정책을 경쟁적으로 펼친다.

'귀농귀촌 1번지'를 자처하는 전북 고창군도 해마다 새내기농업학교를 운영하고 있다. 하루 4시간씩 매주 1회, 연간 총 100시간 교육을 갖는다. 정원이 50명인데 관내 1~2년차 귀농귀촌인 및 관외 거주 예비 귀농귀촌인을 주 대상으로 하고 있다. 교육은 이론교육과 현장실습 등이 골고루 잡혀있다. 복분자나 블루베리 재배기술과 같은 농업기술은 물론이고 농기계 실습 및 안전교육, 선배 귀농인 및 지역 리더와의 만남, 갈등해소를 위한 커뮤니케이션 스킬과 농업 부가가치 창출 마케팅 전략 같은 농업의 미래 비전도 담아냈다. 교육비는 무료다. (참고: 고창군 새내기농업학교 교육 커리큘럼)

고창군농업기술센터에서 교육을 주관하고 있는데 새내기농업학교를 비롯한 농업기술센터에서 추진하는 다른 교육들을 꼬박꼬박 잘 받으면 여러 가지 혜택도 주어진다.

일반대학에서도 귀농귀촌 교육을 받을 수 있다. 천안에 있는 연암대학교는 부설 평생교육원을 통해 귀농지원센터를 운영하면서 오랫동안 귀농귀촌교육 프로그램을 운영하고 있는데 배출된 귀농귀촌인도 제법 많다.

연암대학교 귀농귀촌 과정은 20~30대를 위한 청년창업농 준비과정, 40~50대 중년층을 위한 전직창업농 준비과정, 전 연령 귀촌 희망자를 위한 귀촌준비과정 등 연령대별로 특화 세분화되어 있는 것이 특징이다. 수료 후에는 귀농창업자금의 저리대출(연리 2%, 5년 거치 10년 원금 균등 분할 상환)이나 주택구입(신축)자금 저리대출 등의 귀농정책자금 지원 혜택도 있다.

문의 : 041) 580-5517

http://refarm.yonam.ac.kr

연암대학교 부설 평생교육원 귀농지원센터 교육과정 안내(2021년 기준)

교육 과정명	교육기간	모집 인원	자격요건 및 모집 대상	자부담금
귀촌 준비과정	2021. 9. 6 - 9.10 (4박5일 합숙)	15명	전연령, 귀촌 희망자	187,600원
청년창업농 맞춤형 창업 준비과정	2021. 10. 5 - 10.22 (3주 합숙)	15명	2030세대 (81.1.1 이후 출생자)	527,300원
전직창업농 맞춤형 창업 준비과정	2021. 8. 3 - 8. 20 (3주 합숙)	15명	4050세대 (61.1.1 ~ 80.12.31	531,900원

문의 : 041) 580-5517, 5516

※ (필수) 귀농초급과정 1개 이상 수료 또는 온라인 강의 10시간 이상 이수해야 지원 가능 / 면접 없음

인터넷 상에도 귀농귀촌 공부를 할 수 있는 곳이 많다. 귀농귀촌종합센터와 귀어귀촌종합센터가 대표적이다. 농림축산식품부와 농림수산식품교육문화정보원에서 운영하는 귀농귀촌종합센터는 귀농귀촌 관련 정보가 총망라된 곳이다. 농업인력포털은 농업인 교육을 전담하는 농림식품교육문화정보원에서 운영하는데 다양한 교육프로그램이 준비되어 있다.

비용을 들이지 않고, 시간을 크게 내지 않고도 귀농정보를 얻을 수 있다. 인터넷의 귀농관련 커뮤니티 사이트가 대표적인 예인데 네이버의 '지성아빠의 나눔세상'과 다음의 '귀농사모'는 귀농을 희망하는 사람들과 귀농인들에겐 이미 널리 입소문난 대표 카페이다. 농촌생활의 깨알같은 팁이나 중고물품 직거래 그리고 전문적인 건축정보까지 뒤져보면 좋은 정보들이 많다.

◀)) 귀농을 준비하는데 도움되는 사이트

귀농귀촌종합센터 http://www.returnfarm.com
귀어귀촌종합센터 http://www.sealife.go.kr
농업교육포털 http://www.agriedu.net
농민신문 http://www.nongmin.com
지성아빠의 나눔세상 전원&귀농 http://cafe.naver.com/kimyoooo
귀농사모 http://cafe.daum.net/refarm

◀)) 〈참고자료〉 고창군 새내기농업학교 2022 교육일정

• 과정명 : 2022년 고창군 새내기 농업학교
• 교육기간 : 2022. 3 ~ 11 (매주 수요일 14:00~18:00)
• 교육장소 : 체류형 농업창업지원센터, 선도농가 등
• 교육인원 : 50명 내외
• 교육대상 : 고창군 전입 후 5년 이내 귀농귀촌인 및 관외 거주 예
          비 귀농귀촌인
• 교육시간 : 연 100시간
    - 기초 영농기술 교육, 귀농귀촌 관련 교육, 고창 역사·문화 교육 등
• 수료기준 : 출석 70% 이상
• 문의 : 063) 560-8882 체류형 농업창업지원센터 새내기 농업학교

2022년 새내기 농업학교 세부교육 프로그램

회차	요일	시간	유행(시간)		교육내용
			이론	실습	
3월 3일 (1회차)	목	14:00~16:00	2		사전교육 (교육설명, 자치회 구성 등)
		16:00~17:00	1		귀농귀촌·정책 소개
3월 11일 (2회차)	금	10:00~17:00	1		입교식
		11:00~12:00	3		고창농업 현황
3월 16일 (3회차)	수	14:00~17:00	3		고창역사 문화교육
		17:00~18:00	1		귀농인 사례발표
3월 23일 (4회차)	수	14:00~18:00	4		토양의 기본개념 및 관리, 유기농법
3월 30일 (5회차)	수	14:00~18:00	4		기상예보와 자료 이해
4월 6일 (6회차)	수	14:00~18:00	4		토양과 미생물의 농업적 활용
4월 13일 (7회차)	수	14:00~18:00	4		작물 소득분석
4월 20일 (8회차)	수	14:00~18:00	2	2	파종, 육묘관리 이론/삽목, 접목 이해
4월 27일 (9회차)	수	14:00~18:00		4	고창 알아가기 1 (운곡습지, 고인돌박물관 답사)
5월 4일 (10회차)	수	14:00~18:00	4		초보자의 농약사용과 활용법

5월 11일 (11회차)	수	14:00~18:00	4		병충해 관리 및 대처법
5월 18일 (12회차)	수	14:00~18:00	4		귀농귀촌인이 알아야 할 법률
5월 25일 (13회차)	수	14:00~18:00	2	2	농기계 안전 교육(이론)
					농기계 안전 교육(실습)
6월 2일 (14회차)	수	14:00~18:00	2	2	농업경영체 등록, 농산물 인증제도의 이해
6월 8일 (15회차)	수	14:00~18:00	2	2	수박 재배 교육(이론, 현장)
6월 15일 (16회차)	수	14:00~18:00	3	1	복문자 재배 교육(이론, 현장)
6월 22일 (17회차)	수	14:00~18:00	2	2	멜론 재배 교육(이론, 현장)
6월 29일 (18회차)	수	14:00~18:00	4		약욕작물 재배 교육
7월 6일 (19회차)	수	13:00~18:00		5	고창 알아가기 2 (갯벌 홍보 영상, 갯벌 체험)
7월 13일 (20회차)	수	13:00~18:00	4		땅콩 재배 교육
7월 20일 (21회차)	수	14:00~18:00	4		감자, 고구마 재배 교육
7월 27일 (22회차)	수	14:00~18:00	4		치유농업의 이해
8월 17일 (23회차)	수	14:00~18:00	2	2	허브를 통한 치유 체험

8월 24일 (24회차)	수	14:00~18:00	2	2	양봉 재배 교육(이론, 현장)
8월 31일 (25회차)	수	14:00~18:00	4		6차 산업의 이해
9월 7일 (26회차)	수	14:00~18:00		4	선도농가 현장학습
9월 14일 (27회차)	수	14:00~18:00	4		협동조합, 영농조합법인 이해
9월 21일 (28회차)	수	14:00~18:00	4		스마트농업의 이해
9월 28일 (29회차)	수	14:00~18:00	2	2	베리를 이용한 가공품 만들기 1
10월 5일 (30회차)	수	14:00~18:00	2	2	귀농 창업 관련 SNS 마케팅, 홈페이지 관리
10월 12일 (31회차)	수	14:00~18:00	2	2	상품기회, 고객관리 및 소통
10월 19일 (32회차)	수	14:00~18:00	2	2	농업인 재해 예방 및 안전 교육
10월 26일 (33회차)	수	14:00~18:00	2	2	생활 전기 안전 교육
11월 2일 (34회차)	수	13:00~18:00	1	4	생활 용접 이론·실습
11월 9일 (35회차)	수	13:00~18:00	1	4	생활 목공 이론·실습
11월 16일	수				수료식(예정)
계			96	44	140시간

※ 강의 일정은 내부사정(코로나-19 및 강사 일정 등)에 따라 변동될 수 있습니다.

4. 아내를 설득하자(가족 간의 합의도출)

당연한 이야기지만 귀농은 농촌으로 이사를 하는 것이라 가족 구성
원이 함께 하는 것이 가장 좋다. 행복은 가족이 함께할 때 더 크게 느껴
지는 것 아닌가. 서로 믿고 의지할 수 있는 데다가 농촌에서 여러 가지
일이나 사업을 하는 데도 힘이 된다. 그런데 이런저런 이유로 가족 구성
원 간의 합의를 모으기가 어려운 경우가 있다. 제일 문제가 아이들이다.
특히, 학교를 다니는 아이들이 있으면 고민이 깊어질 수 밖에 없다. 초등
학교 다니는 아이들만 되어도 부모의 판단에 따라서 쉽게 결정을 할 수
있지만 중고등학교에 다니는 아이들이 있으면 진학문제와 맞물려 부모
의 특별한 교육철학이 있지 않으면 어려운 게 현실이다. 대학생 자녀가
있는 경우는 크게 걸림돌이 되지 않는 것 같다. 대학생만 되어도 독립생
활을 하고 싶어 하니 서로 믿음만 형성된다면 문제 될 게 없다. 아이들
이 대학생이거나 또는 다 커서 출가하여 부부만 남았다고 하여도 걸림

돌이 없는 건 아니다.

최종 단계에서 발목을 잡는 것은 아내의 반대다. 아무래도 시골로 내려가면 여성들은 더 힘이 들고 의료시설이나 문화, 여가 생활 등에서 불편할 것이라 생각하기 때문이다. 과연 그럴까, 고창의 예를 들면 관내에 병원이 몇 있다. 일부 지역주민들은 아무래도 농촌의 병원이다 보니 장비나 인력 측면에서 도시병원 만큼 신뢰하지 못하는 경우가 있다. 그렇지만 고창 바로 옆 정읍에 유명 대그룹에서 운영하는 대형병원이 있고 고창 아래 광주광역시에도 시설과 인력이 우수한 많은 병원들이 있다. 비록 고창군은 아니지만 이들 지역은 고창 바로 옆이라 접근성이 좋다. 고창에서 정읍은 지역에 따라 10분에서 40여 분 거리, 광주도 30~40분이면 도착할 수 있는 거리다. 도시에서도 대형병원 가는데 1시간 정도는 걸린다는 점을 감안하면 의료환경이 나쁘지만은 않다.

쇼핑도 마찬가지다. 고창 바로 옆 정읍이나 광주에는 대형마트나 유명 백화점, 멀티 영화상영관 등의 쇼핑, 문화시설들이 많다. 도로 정체가 없으니 도시에 비해 거리는 멀어도 소요시간은 훨씬 짧게 걸린다. 고창에도 '작은 영화관'이라는 사업이 도입되어 서울과 개봉 영화를 동시에 상영하는 영화관이 생겼고 문화시설을 통해 다양한 문화교육 프로그램들이 운영되고 있다. 노래도 배우고 요가도 배우고 다양한 커뮤니티 속에서 자아실현을 위한 여러 활동도 펼칠 수 있다. 경험상, 농촌에서의 의료, 문화생활 등은 큰 문제가 아니다.

현실적으로 도시 여성들의 가장 큰 두려움은 친구 문제가 아닐까 생각된다. 함께 문화센터에서 노래 배우던 친구, 수영 배우던 친구 그리고 커피숍으로, 교외로 나들이 가고 드라이브 가던 친구나 이웃들과의 혜

어짐이 더 어려운 게 아닐까. 누구나 낯선 곳으로의 이주는 망설이기 마련이다. 더군다나 생활방식이나 사고방식이 전혀 다른 농촌으로 삶의 터전을 이동하는 것은 두렵기까지 할 것이다. 그렇지만 농촌에서도 새로운 친구들을 사귈 수 있다. 지역 주민들도 많고 같은 처지의 귀농인들도 많다. 그들과의 교우와 소통은 또 다른 재밋거리다. 게다가 도시의 친구들이 자주 놀러오기도 한다. 아름다운 자연과 깨끗한 환경에서 여유있게 사는 모습을 보여주는 것도 자랑할 만한 일이다. 귀농인 중에는 펜션과 같은 관광서비스업을 하면서 손님들과 꾸준히 교감하고 소통하는 경우도 있다. 친구를 만들고 친구와 어울리는 일도 생각하기에 달린 문제다.

이런 현실적인 문제들을 조목조목 분석하고 이해한다면 가족 구성원들의 동의를 이끌어 내는 데에 큰 도움이 될 것이다. 드문 경우지만 아내가 찬성하고 남편이 귀농을 반대하는 경우도 있다. 사례는 다르지만 대응방법은 비슷하다. 농촌으로 자주 부부여행을 다니는 것도 요령이다. 여행을 통해 자연스레 귀농 사례를 접하고 도시보다 좋은 점을 찾아보자. 지자체에 따라선 홈스테이 같은 형식으로 농가체험 프로그램을 운영하기도 한다. 특히 일부 지자체에서 진행하는 '한 달 살기' 프로그램은 귀농생활을 예습하기에 좋다. 농촌여행을 통한 추억 만들기는 귀농을 결정하는데 큰 역할을 한다. 선배 귀농인들의 사례를 듣다보면 사전에 귀농 예습 효과를 얻을 수 있을 뿐 아니라 귀농을 반대하는 배우자의 마음도 쉽게 열리게 만들 수 있다.

5. 나홀로 귀농

    귀농 후에는 지역에 사는 귀농인들의 커뮤니티에 참여하여 어울리는 경우가 많다. 각양각색의 사람들이 다양한 소신을 가지고 귀농한 사례를 많이 접할 수 있다. 그런데 그 중에는 혼자 내려온 경우를 심심찮게 만나볼 수 있다. 남자 혼자 내려오는 경우를 먼저 생각해볼 수 있겠지만 의외로 여자 혼자 내려온 경우도 많다.

    귀농 성공을 위한 첫 단추는 가족 간의 합의를 도출하는 문제다. 그렇다고 혼자 내려온 사람들이 모두 귀농에 실패한다는 이야기는 아니다. 각기 다양한 사연이 다양한 사례를 만든다.

경기도 부천시에서 귀농한 이씨는 남편을 두고 내려온 대표적인 사례다. 아이 둘을 데리고 내려왔다. 귀농 이유는 아이들 건강과 교육 문제다. 초등학교에 다니고 있는 아이들은 큰 애가 여자아이고 둘째가 남자아이인데 성격도 밝고 심성도 착하다. 그런데 아토피가 심하여 고통을 받고 있다. 이씨는 아이들의 치료를 위해 농촌행을 결심했다. 공기 맑고 깨끗한 자연 속에서, 자연이 주는 소박한 밥상을 접하다보면 아토피는 저절로 치유가 될 것이라 믿었다. 게다가 아이들을 '공부벌레'로 키우고 싶지도 않았다. 자유롭게 꿈을 키울 수 있는 더 나은 농촌의 교육환경도 이씨의 마음을 움직이는데 영향을 끼쳤다.

그런데 문제는 남편이다. 안정적인 직장을 다니고 있는 남편과 동행하자니 현실적인 문제가 걸렸다. 남편 입장에서는 직장도 직장이지만 사실 농촌이 썩 내키지도 않았다. 그래서 도시에 남아 생활비를 보내는 형태가 되었다. '도농형(道農形) 기러기 아빠'라고나 할까.

귀농한 이씨도 나름대로 아이를 키우며 농촌에서 새로운 삶을 찾았다. 아이들 교육과 관련된 사업을 하면서 적잖은 생활비도 벌게 되어 나름대로 안착하게 되었다. 주말에는 아이 아빠가 내려오기도 하고 이씨가 아이들 데리고 올라가기도 한다. 서로 바쁜 일이 있을 땐 거르기도 한다. 그렇게 서로에게 충실하며 살아온 지가 4년째다.

이씨의 기대대로 아이들의 아토피 증상은 크게 호전되어 이제 정상이 되었다. 그동안 이씨는 남편을 여러 차례 설득해보기도 하였지만 때를 좀 보자는 답변만 들었다. 그러나 이씨는 포기하지 않았다.

언젠가는 함께 농촌에서 행복하게 살 날이 있을 것이라 믿고 있다.

이씨의 경우는 그래도 성공적인 경우다. 서로 가정이라는 울타리 안에서 가족 구성원에 충실하고 서로 소통하고 교감하면서 주말부부의 위기를 극복하고 있기 때문이다. 더군다나 귀농한 이씨는 농촌에서 새로운 역할을 하며 늦게 찾아온 자신의 꿈을 키우고 있다. 도시라면 생각할 수 없는 일이었지만 농촌은 기회의 땅이었다. 번듯한 '대표'직함이 새겨진 명함이 있어 아이들에게나 남편에게나 당당하고 자랑스럽다.

아이들과 귀농한 아이 엄마들은 대부분 새로운 직업을 갖게 된다. 도시처럼 육아나 교육에만 전념하는 경우가 거의 없다. 경제적인 이유도 있겠지만 농촌에서 도시의 고급인력을 필요로 하기 때문에 자연스레 지역 활동을 하게 된다. 쉰 넘어 생애 처음으로 직장생활을 하는 귀농 여성이 있을 정도다.

남성 혼자 내려오는 경우는 더욱 많다. 남성의 경우는 크게 두 가지 사례다. 하나는 배우자와의 동반 귀농을 전제로 미리 터를 닦아 놓기 위해 내려오는 경우고 다른 하나는 여성의 반대로 남성 혼자 내려온 경우다. 전자는 문제가 되지 않지만 후자는 가끔 문제가 되기도 한다. 그래서 이를 극복하지 못하고 다시 유턴하는 사례도 있고 가정관계가 악화되는 경우도 있다.

보통은 여성보다 남성이 귀농에 더 적극적이다. 그래서 배우자를 설득시키기 위해 눈물겨운 노력을 마다하지 않는다. 오씨가 그런 사례다.

사례6 아내의 마음 사로잡기

몇 번 농촌을 다녀간 오씨는 평소 알고 지내던 마을 이장으로부터 빈집이 나왔다는 이야기를 듣고 부리나케 내려왔다. 옛날 흙집에 슬레이트 지붕을 한 전형적 시골 농가였지만 조금만 손을 보면 그럭저럭 정착하고 집을 짓기 전까지는 임시거주를 할 수 있겠다는 생각이 들었다.

도시에 돌아와 멋진 집을 구했다고 아내에게 이야기한 오씨는 다음에 내려와서는 집을 대폭 수리하였다. 시골집이지만 운치가 느껴지도록 한지로 도배를 하였고 낡은 보일러도 새로 갈았다. 바깥에 있던 화장실도 실내로 들이고 욕실을 겸할 수 있도록 하였다. 낡은 새시도 교체하였다. 마당도 말끔히 정리하고 잡다한 시골 쓰레기는 모두 버려서 제법 사람 사는 곳처럼 만들어 놓았다.

한 달 동안 헌 집을 붙들고 낑낑거린 후 아무 일도 안한 것처럼 태연하게 아내를 불러들였다. 그렇게 집을 뜯어고쳤건만 내려와서 시골집을 보고 말한 아내의 첫 마디는 "조금만 손 보면 되겠네!"였다. 그렇게 그 부부는 헌 집에 정착을 하였고 2년 후에는 이웃 마을에 꿈에 그리던 새 집을 지어 이사를 하였다. 아마 아내가 집을 보기 전에 한 달 동안 집을 수리하고 정리하였던 오씨의 정성이 아니었다면 오씨의 아내는 시골집에 실망하고 되돌아갔을지도 모르는 일이다.

나홀로 귀농은 또 다른 문제를 불러일으키기도 한다. 부부간에 갈등을 안고 있었고, 그런 부분이 뜻을 모으는데 걸림돌이 되었던 경우라면

한껏 멋을 부린 농촌의 전형적 구옥

귀농 실행이 부부 사이의 상태를 더 악화시키는 결과를 만들 수도 있다. 그래서 뜻을 모아 함께 귀농하는 것이 좋다. 일단 귀농을 하게 되면 부부관계는 금세 좋아진다. 많은 귀농인들의 공통된 경험담이기도 하다.

6. 귀농자금은 얼마나 있어야 할까

　귀농귀촌 경험담을 이야기하면 가장 많이 받는 질문 중 하나가 귀농자금 문제다. '귀농자금'을 얼마나 가지고 내려왔는지를 많은 사람들이 궁금해 한다. 그럴 땐 '빈손'으로 왔다고 대답을 한다. 이 말은 반은 맞고 반은 틀리다. 참으로 무성의한 대답처럼 보인다. 귀농자금은 상대적인 것이고 내려와서 어떤 생활을 어떻게 할 것인지에 따라 다르게 준비가 되어야 한다. 또한 개인마다 씀씀이도 다르고 귀농과 관계없이 꾸준히 들어가는 고정비도 다르다. 따라서 귀농자금에 대해 너무 연연해하지 않았으면 좋겠다. 도시에서 그랬던 것처럼 형편껏 살면 된다. 요령을 하나 들자면, 농촌에서도 도시처럼 돈으로만 해결하려 들다보면 끝이 없다. 돈으로 해결할 일을 몸으로 해결할 수 있는 경우도 많기 때문이다. 수원에서 귀농한 한씨도 그런 경우다.

사례7 꿈을 키우는 신용불량자 한씨 부부

한씨는 신용불량자다. 도시를 떠돌며 안해 본 일이 없을 정도로 다양한 일을 해봤다. 처음엔 사진관을 운영하였는데 디지털카메라의 보급으로 사진관이 사양화 되어 어려움을 많이 겪었다. 그래서 사진관을 정리하고 그 자리에다 식당을 차렸는데 경험이 워낙 없어서인지 얼마 못가 식당도 문을 닫고 말았다.

한씨는 강원도가 고향이지만 사업에 실패하면서 고향으로 내려갈 면목이 없어졌다. 고민 끝에 연고가 없는 충청도 청양으로 아내와 함께 귀농하였다. 다행스럽게 빈집을 구할 수 있었고 아직 몸이 건강하였기에 품삯을 받으며 날일을 다녔다. 일손이 많이 부족한 농촌이기에 몸만 건강하면 남의 밭에서 일을 해주고 품을 넉넉히 받을 수 있었다. 부부가 함께 나가서 일을 하면 고되기는 하였지만 수입은 제법 괜찮았다. 부수적인 장점도 있었으니 다른 집의 농사일을 도와주다 보니 금세 농사일을 배울 수 있게 되었다. 일이 없는 날은 집 앞 텃밭을 가꾸며 전원생활을 즐겼다.

한씨 부부가 큰 돈을 벌고 있는 건 아니었다. 여전히 신용불량자 상태를 면치 못하고 있지만 분명한 것은 도시에 있을 때보다 마음도 편해지고 생활도 여유로워졌다는 것이다. 그리고 신용불량자 신세를 곧 벗어날 수 있다는 희망도 갖게 되었다.

한씨 부부처럼 도시생활에서 밀려나 어쩔 수 없이 귀농한 사례는 요즘 많이 줄고 있는 편이다. 그렇지만 그런 사람들에게도 농촌은 기회의

땅임이 틀림없다. 열심히 일하면 기회가 오기 때문이다.

　귀농자금은 상대적인 것이기 때문에 얼마 든다고 잘라서 말하기 어렵다. 위의 사례에서 보듯 형편에 맞게 생활하는 곳이 농촌이기도 하다. 다만 도시에서 생활할 때 고정적으로 지출하던 고정비가 얼마나 되느냐, 집을 지어서 살 것이냐, 임대해서 살 것이냐, 지을 것이라면 어느 정도 규모로 지을 것이냐 등이 귀농자금의 큰 축을 차지한다.

용처별 귀농자금의 구성

기본 생활비	농촌에서는 돈 들어갈 일이 없다는 것은 과장이다. 도시 생활하던 사람은 도시에서 지출했던 고정비 (보험료, 통신비, 교육비, 경조사비 등)가 그대로 따라오기 때문이다. 줄어드는 것은 문화행사비와 의류비 등 일부에 국한된다.
농지 마련비 **(임차, 농업** **종사 여부)**	농지 시세는 지역마다, 위치마다 천차만별이다. 구입이 부담스럽다면 얼마든지 좋은 조건에 빌릴 수 있는 것이 농지다. 농촌주민들의 고령화로 경작을 포기하는 농지가 해마다 늘고 있기 때문이다.
주택 마련비 **(임차,** **신축 여부)**	농촌의 주택 임대는 전세나 월세가 아니라 연세 개념이 대부분이다. 1년치 임대료를 일시불로 납입하면 된다. 주택에 따라서는 수리하여 사는 조건으로 무상 임대해 주기도 한다. 허름한 구옥은 집수리를 최소화하는 것이 좋다. 제대로 고치려면 끝도 없이 들어가는 게 헌 집 수리비여서 신축 비용만큼 들어가기도 한다. 신축의 경우는 아무리 저렴한 공법으로, 작게 지어도 목돈이 들어간다. 집 짓는 흐름만 안다면 기술자들을 불러서 직접 지을 수 있다. 직접 지으면 많이 절약된다. 컨테이너를 예쁘게 단장해서 집으로 쓰는 경우도 있는데 큰 돈이 들지 않아서 예산 부족 시에 고려해볼 만하다. 땅에 따라서는 토목공사에 큰 돈이 들어가는 경우도 있다.

농업 투자비 (운영 자금)	종자값, 농약 및 자재값, 그리고 해마다 인상되고 있는 인건비도 무시 못 한다. 시설농업과 같이 작목에 따라서는 투자비가 제법 많이 들어가는 것도 있다. 특히 과실수는 회수 시기가 3년 이상 걸리는 점을 감안하면 운영자금이 넉넉히 있어야 한다. 그 때까지는 틈틈이 품삯 일을 다니면 좋다. 농업기술도 배우고 사람도 사귈 수 있기 때문이다.

집 지을 땅은 대개 한 필지 정도면 충분하지만 농지는 하고자 하는 작목의 종류에 따라, 규모에 따라 개인별 편차가 크다. 또 농촌에는 남는 농지가 많아서 대부분 임차하여 짓고 있기 때문에 꼭 농지를 소유하여야만 농사를 짓는 것은 아니다. 농지원부도 소유주가 아니라 경작자 기준이다. 다만 밭 한 필지라도 소유하고 있으면 자경여부, 농사 규모에 관계없이 심리적으로 든든한 것도 사실이다.

사례8 아파트와 바꾼 귀농의 삶, A씨

아파트 한 채 팔아서 내려왔다는 A씨는 땅에다 투자를 많이 한 사례다. 투자 가치가 있는 땅을 많이 사두면 노후에도 어느 정도 안정적인 생활을 할 수 있을 것이라는 기대감 때문이었다. A씨의 예상대로 불과 사, 오년 만에 그의 땅은 개발 기대감으로 크게 올랐다.

기본 생활비	월 100만원×36개월(자리 잡는 데 대략 3년)= 36,000,000

농지 마련비	면소재지 대로변의 투자가치가 있는 땅 2,700평 매입 투자액 400,000,000
주택 마련비	샌드위치 판넬조(조립식) 27평, 공정별 전문가를 수배하여 직접 지음. 약 70,000,000
농업 투자비	2,200평의 농지에 초기투자비가 많이 들어도 시세가 좋은 블루베리 밭 조성. 약 150,000,000
합계	656,000,000 원

사례9 농사는 싫어, 이씨

　남편의 고향으로 내려온 이씨는 처음부터 농업에 관심이 없었다. 부모님이 물려주신 작은 땅에 민박을 겸한 살림집을 지어 민박사업을 시작했고 동네에 유휴시설을 리모델링하여 커피숍으로 꾸며 커피숍 영업을 시작하였다.

　살고 있는 마을이 농촌체험마을로 지정되자 사무장에도 지원하여 일하게 돼 민박업, 커피숍 운영, 취업 모두 3가지 직업을 갖게 되었다. 서울에서 건축사업을 하던 남편 덕에 꾸준히 고정 수입이 있었고 큰 걸림돌이었던 초기 운영자금 걱정도 하지 않았다. 관광객이 많이 거쳐 가는 마을의 입지조건까지, 여러 가지로 주변 여건이 좋아 큰 투자 하지 않고 쉽게 자리를 잡았다.

기본 생활비	월 300만원×약 24개월(자리 잡는데 대략 2년)= 72,000,000 (서울에서 사업하는 남편의 수입으로 충당)
농지 마련비	농지는 따로 장만하지 않음 (순수 귀촌형) 부모님 소유의 작은 대지에 주택 신축 (토지 구입비 없음)
주택 마련비	건축비 170,000,000 (40평/7천만 원은 대출로 충당, 1억 원 투자) 살림집과 더불어 여유있게 방을 두 개 더 들여 민박 사업 진행 중
농업 투자비	없음. 민박과 함께 농촌체험마을 사업을 펼치고 있는 마을의 사무장으로 취업, 고정급 있음. 마을의 유휴시설을 리모델링하여 커피숍으로 단장 커피숍 운영 투자비 30,000,000
합계	합계 272,000,000원 (대지 제외)

　농촌의 구옥은 매우 저렴한 대신에 임차인이 알아서 불편한 부분을 고쳐 사용해야 한다. 사진은 허름하기 짝이 없는 필자의 첫 농촌 주택. 1년에 50만 원의 연세(사용료)를 냈다. 살만한 집은 연세가 5백만 원 넘는 경우도 많다.

7. 귀농귀촌 지원정책, 너무 의지하지 말자

지자체 중에서는 귀농인들을 유치하기 위하여 특화된 지원사업을 펼치는 곳이 많다. 지자체에서 발행한 홍보물을 보면 마치 맨몸으로 내려가도 될 것처럼 각종 지원 프로그램으로 빼곡하다. 그 중에는 중앙정부 차원에서 지원하는 프로그램도 있어 귀농의 발걸음을 가볍게 만든다.

그렇지만 다양한 지원정책이 전부가 아니라는 것을 알아야 한다. 귀농 대상지를 선정함에 있어서 지자체의 지원정책이 절대적인 영향을 끼쳐서는 안 될 것이다. 지자체의 지원정책은 귀농 후에 정착하는 과정 중에 활용하는 일종의 보너스 개념으로 생각하는 게 맞다.

지자체의 귀농귀촌 지원정책 사례를 살펴보면 가장 흔한 것이 교육 부분이다. 귀농귀촌학교를 운영하는 곳이 많고 체계화된 교육 커리큘럼이 아니더라도 귀농인들을 대상으로 한 교육 프로그램은 지자체마다 거의 모두 시행하고 있다.

지자체 중에는 '귀농인의 집'과 같은 이름으로 과도기를 보낼 수 있는 빈 집 임대사업을 하는 곳도 있다. 귀농인이 좋은 조건에 빈집에 들어와 농촌생활을 직접 체험해 봄으로써 자신감을 얻고 안정적으로 정착하는 데 도움을 주는 사업이다. 이 사업은 귀농귀촌인들에게 많은 도움이 되고 있다. 처음부터 덜컥 집을 짓다가는 나중에 후회할 수 있기 때문에 현지 적응 과정을 거치면서 농지를 마련하고 그 뒤에 집을 지으면 좋다.

비슷한 성격으로 집수리 비용을 지원해 주는 곳도 많다. 농촌의 빈집들은 대부분 오래되어 낡고 허름하여 도시 주거환경에 익숙한 사람들에겐 견디기 힘든 곳들이 많다. 그런 경우에, 최소한의 집수리를 통하여 안정적으로 정착 할 수 있도록 배려해 주는 사업이다.

지역에 따라선 집들이 비용을 지원해 주는 곳도 있다. 귀농인이 지역 주민들과 원활하게 소통할 수 있도록, 이웃을 잘 사귈 수 있도록 하기 위해 집들이에 필요한 경비를 지원해 준다. 소액이긴 하지만 아주 유용하게 쓸 수 있는 사업비다.

귀농하는 것만으로도 정착지원금을 주는 적극적인 시군도 있다. 물론, 귀농인의 연령대나 가족 구성원 수 등을 평가하여 선정하는 시스템이 대부분이긴 하지만 초기 정착과정에서 농업에 필요한 비용으로 충당하는 데 큰 도움이 된다.

어느 지역의 어떤 지원 사업이든 이사 왔다고 하여 조건 없이 덥석 지원금을 주는 제도는 없다. 바꿔 말하면 '공돈'은 없다고 봐도 된다. 귀농귀촌지원 제도에 대한 궁금증은 해당 시군의 귀농귀촌 업무 담당 부서에 문의하면 자세한 안내를 받을 수 있다.

8. 귀농과 귀촌 사이

형님네 옆으로?

귀농 관련 인터넷 커뮤니티에 상담 글이 하나 올라왔다. 형님이 먼저 귀농하여 나름대로 자리를 잡고 있다. 농사가 점점 늘어나 제법 많은 양을 짓고 있다. 동생은 귀촌을 준비 중인데 형님이 그 동네로 내려오라고 한단다.

동생은 농사를 지을 줄도 모르고 지을 생각도 없다. 퇴직 후 연금이 나오기 때문에 농사를 짓지 않아도 조금 여유가 있고 농사보다는 다른 경제활동을 조금씩 할 계획이다. 아무래도 형님 옆으로 가면 정착하는데 도움이 될 것 같다. 동네 사람들과 사귀는 데도 도움이 될 것 같고 힘들고 외로울 때 의지하기도 좋다. 그래서 적극적으로 땅 매입을 알아보고 있다.

그런데 주위에서 많은 사람들이 걱정해주는, 생각지도 않은 문제가 발생했다. 즉, '동생이 평화롭게 귀촌 생활을 할 수 있을까'하는 문제다. 형님이 농사를 크게 지으면 옆에 사는 동생 입장에서 안 도와줄 수가 없다. 동생은 농사가 어렵고 관심도 없다. 농사를 위해 농촌으로 간 것이 아니기 때문이다. 상담자의 고민이 깊어질 수밖에 없는 문제다.

이와 비슷한 사례는 참 많다. 결론부터 말하면 형님 옆으로 내려가는 건 패착이 될 가능성이 높다. 농번기에는 강아지 데리고 동네 산책만 다녀도 눈총 받기 쉽다. 누구는 땀방울에 몸이 흠뻑 젖을 정도로 고된 일을 하는데 누군 한가롭게 강아지 데리고 산책이나 다닌다고 한다. 분명 농촌의 정서로 봤을 땐 눈 밖에 나기 쉬운 행동이다. 도시적 시선에서 보면 아무 문제 없는 행위다. 농사를 지을 사람은 농사짓고 쉴 사람은 쉬어야 한다. 사람의 생활 패턴이 다 똑같을 순 없다.

그런데 농촌에서 만큼은 농업이 기본이고 정서적 평균 잣대다. 농사를 짓지 않고 노는 사람은 눈 밖에 내놓기 마련이다. 어떤 귀농인은 주로 저녁시간대에 컴퓨터를 활용하여 일을 하는데 동네 사람들은 하루 종일 노는 사람으로만 안단다. 농사짓는 사람들에겐 집 안에서 뭘 하든, 한밤중에 얼마나 고생스레 일하든 모두 일하는 걸로 보이지 않는다. 그들에겐 논밭에서 일해야만 일로 보이는 것이다. 이는 다소 극단적인 설명이지만 일리가 있는 이야기다. 그래서 동네사람들이 밭에서 일을 할 땐 행동을 조심히 해야 한다.

사례에서 보듯 귀농과 귀촌은 단순히 직업의 문제가 아니다. 매사 생각이 다르고 생활 형태도 다르다. 만나서 이야기 나누는 주제도 다르고 바쁠 때와 한가할 때도 서로 다르다. 그러다 보니 자연스레 서로 어울리는 사람들도 다르다. 물론, 가장 크게 구분되는 것은 주 수입원이 다르다는 것이다.

농업인에 대한 각종 혜택이 많음에서 알 수 있듯이 농촌에서는 모든 것이 농업 위주로 돌아간다. 그렇다고 모든 주민이 농사만 짓는 것은 아니다. 면소재지만 나가도 상업에 종사하는 사람들이 많고 읍내 가까이에는 직장 생활하는 사람도 많다. 고부가가치의 식품제조업, 양식업, 관광서비스업 등 농업 외의 직업을 가진 이가 의외로 많다. 귀농인의 직업 또한 다양하다. 귀농인과 귀촌인을 구분하여 부르는 경우가 있지만 귀농인으로 통일하여 부르는 곳도 많다.

귀농을 결정하는 데에는 아마도 수천 번 고민하고 생각할 것이다. 과연 내가 귀농하여 무엇을 할 수 있을까? 농사를 지을 것인가, 아니면 농사짓지 않고 다른 경제활동을 할까? 그도 아니면 매달 나오는 연금만 가지고 별다른 경제활동 없이도 안정적으로 생활할 수 있을까? 귀농이냐 귀촌이냐, 분명한 마음가짐으로 귀농 준비를 하여야 할 것이다.

농업에도 전업농이 있고 부업농이 있다[3]. 부업농까지도 안 되지만 이것저것 텃밭 가꾸는 재미에 농사 아닌 농사를 짓는 '취미농'도 있다. 귀농하여 농사를 얼마나 지을 것인지 농사를 주수입원으로 할 것인지 아니면 다른 대안을 가지고 있는지, 꼼꼼하게 검토해서 신중한 결정을 내려야 할 것이다.

---

3) 농림축산식품부는 농사경력과 재배면적, 소득 등에 따라 △전문농 △일반농 △고령농 △창업농 △취미농으로 분류해 경영체별 맞춤형 정책을 펴겠다고 발표한 바 있다. (농민신문 2016. 6. 24)

2

보금자리 마련하기

1. 위치선정 – 고향이 좋을까?

어느 날, 귀농귀촌 상담을 하러 온 노부부와 마주할 일이 생겼다. 중학교 졸업하고 고향을 떠나 서울에서 살다가 52년 만에 돌아왔단다. 부모님께 물려받은 산(임야)도 제법 있고 농지도 있고 그리고 당시 친구들도 그대로 남아있었으니 최고의 선택이라 판단했을 것이다.

일흔을 한 해 남겨놓고 귀향한 그 부부. 단꿈에서 벗어나는 데 그리 오래 걸리지 않았다. 짧은 시간에 무슨 일이 있었는지 모르겠지만 대뜸 세상이 변했다는 이야기부터 꺼냈다.

"옛날 시골 정서가 아니에요. 예절을 지켰던 문화도 옛날 같지 않고 돈만 좇고……"

노부부는 고향이라고 찾아왔건만 일면식도 없는 마을의 40-50대 젊은이들은 시큰둥했다. 오히려 먼저 아는 척 않는다고 한마디씩 했단다. 문화의 차이도 극복하기 힘들었다. 아침 저녁으로 몸이 아픈 아내 손을 잡고 동네 한 바퀴씩 돌곤 하는데 밭에서 일을 하는 마을 사람들이 조금 불편한 시선으로 쳐다보았다. 나이 먹어 몸 한두 군데 아프지 않은 사람이 누가 있는가, 누군 아픈 몸 참아가며 땀 흘려 일하는데 서울서 왔다고 놀기만 하니 좋게 보일 리가 없을 것이다.

노부부는 고향으로 돌아온 것을 후회한다고 한다. 무조건 남을 시기하고 깎아 내리는 것이 일상화 된, 변해버린 고향의 인심에 실망했고, 젊은이들의 무례함과 공동체 구성원으로 관대히 포용해주지 않는 배타적 문화에도 마음의 상처를 입었다. 지역민들과 똑같이 농사지을 수 없는 상황에서 아내와 산책마저 자유롭게 하지 못하는 상황들은 분명 예상하지 못한 부작용들이었다.

이런 사례들은 우리 농촌이라면 어디나 다 있는 문제이고 연고가 있건 없건 다 겪는 문제이지만 연고가 있는, 고향으로 돌아온 사람들은 그만큼 크게 실망하고 마음의 상처도 더 크게 입는 것 같다.

혈연관계에 있는 지역의 친척들 때문에 색안경 끼고 쳐다보는, 안타까운 경우도 있다. 집성 문화를 기반으로 하는 농촌이다 보니 사는 마을과 성씨만 알아도 대충 누구네 자손이라는 것을 쉽게 유추해 낸다. 그만큼 지켜보는 눈이 많고 부담이 간다. 지역에서 덕망을 쌓고 활동하는 사람과 혈연을 맺고 있다면 그 덕을 조금 볼 수도 있겠지만 그 반대의 경우라면 또 상황이 달라진다. 누구네 아들, 누구네 조카, 누구네 친척……'누구네'가 평생 따라다니는 곳이 바로 우리 농촌의 지역사회이다.

이쯤 되면 고향으로 돌아가는 귀농에 무조건 프리미엄이 붙는 건 아님을 알 수 있다. 오히려 일면식 없는 무연고 지역으로 귀농하는 것이 더 자유롭고 마음 편할 수 있다.

명절이면 어김없이 내걸리는 마을 입구의 고향 방문 환영 현수막

반면에 연고야 말로 경쟁력이라고 주장하는 사람들도 있다. 농촌의 연고는 크게 혈연·지연·학연인데 고향으로 귀농을 하게 되면 예전에 맺어졌던 네트워크를 풀가동 할 수 있다. 도시나 농촌이나 사회생활에 있어 네트워크는 큰 힘이 된다. 인간은 사회적 동물이 아닌가.

군청에 근무하는 친척의 도움을 받는 사례, 같은 마을에 사는 형님 덕분에 쉽게 지역사회 구성원으로 편입될 수 있었던 사례, 옛 친구의 주선으로 쉽게 직장을 구해 고정 수입을 확보한 사례…… 심지어 연고가 있으면 농지와 같은 땅도 더 저렴하게 살 수 있는 게 농촌의 현실이다.

무엇보다 생소한 땅에서 믿고 의지할 수 있는 사람이 있다는 것 자체가 큰 힘이다. 농사 기술에서부터 마을사람들 사귀는 경우까지 많은 분야에서 직간접적인 도움을 받는다.

"인사해. 이번에 귀농했는데 저 옆 마을 김씨 처조카네"

"자네가 서울서 왔다는 그 사람인가? 최○○씨 동생이라는?"

"자네가 소재지 슈퍼 이씨하고 뭐 된다면서?"

첫 인사에도 그냥 넘어가는 법이 없다. 현지민하고 조금이라도 혈연 관계가 있다면 본인도 모르는 새 금세 소문이 나고 마을사람들은 그것을 기억한다. 그리고 실제로 현지민까지는 아니어도 현지민에 준하는 대우를 받고 출발을 하게 된다. 다만 여기에도 함정이 있다. 너무 친인척과의 교류에만 집중하면 이웃 사귈 수 있는 기회가 줄어든다. 친인척에 의지하는, 좋지 않은 버릇이 생길 수 있다는 뜻이다.

요즘 농촌에서는 창업공동체가 화두다. 새로운 창업 형태 같지만 이미 그 뿌리는 오래되었다. 농촌에 흔한 '영농조합'이 가장 흔한 형태의 창업공동체다. 창업공동체를 비롯하여 여러 가지 사업을 추진할 때도 친인척은 큰 힘이 된다. 하지만 앞서 사례를 소개했듯이 연고 있는 귀농지가 항상 장점만 있는 게 아니다. 그 저울질을 충분히 하고 결정해야 할 것이다.

사례11 **친구들이 기다리고 있는 귀향**

환갑을 갓 넘긴 최씨는 농촌관광사업을 추진하고 있는 고향으로 귀농을 하였다. 중학교를 마치고 떠났던 마을에 다시 돌아온 것이다. 돌아온 마을은 집성촌이었는데 다행스럽게 그 때 또래의 친구들과 친척들이 반가이 맞아주었다. 마을에선 요즘 너나없이 한다는 체험마을 사업을 펼치고 있었다. 국가 예산도 확보되어 건물도 지어야 하고 체험 프로그램도 개발하여야 한다.

그런데 마을 회의에서 도시물을 먹었다는 이유로 최씨에게 위원장을 맡으라 권유가 들어왔다. 귀농한 지 고작 3년째 되던 해에 마을개발을 책임지는 총책임을 맡으라는 것이다. 그렇게 최씨는 위원장 직책을 맡고 마을일을 보게 되었다.

연고가 없는 외지인이라면 제 아무리 똑똑해도 마을 구성원의 한사람으로 받아들이는 데에는 시간이 걸린다. 이장이나 위원장처럼 마을 직책(설령 봉사직이라고 할지라도)이라도 맡고 싶다면 오랜 시간을 두고 제 자신을 증명해 보여야 한다. 해당 지자체 규정에 따라 마을 이장 선거에 참여할 수 있는 최소한의 주거 기간을 채웠다고 해도 귀농한 사람은 10년은 지나야 자격이 생긴다는 자체 마을법을 가진 마을도 있다. 얼핏 텃세 같기도 하지만 마을 사람들을 자세히 알고 마을의 역사와 현황을 알아야 하고, 무엇보다도 귀농인 신분으로서 도시로 다시 돌아가지 않고 영원히 정착할 사람이라는 것을 증명해 보이는 시간이 필요한 것만은 사실이다.

그런 점에서 연고지로의 귀농은 많은 시간과 노력을 절감시켜 준다. 따라서, 연고지가 좋다 아니다를 흑백논리로만 정의하기는 어렵다. 상대적인 측면이 강하고 여러 가지 변수가 많기 때문이다. 중요한 것은 귀농인의 처신이다.

2. 어렵다 어려워! 귀농지의 선정

　귀농귀촌을 준비하면서 가장 크게 고민되는 문제가 어디로 갈 것인가 하는 점이다.

　귀농지를 선정하는 문제는 귀농자의 연령과 가족관계, 직업, 출신지, 귀농 후의 계획 등에 따라 다양하여 시원하게 답을 내기가 어렵다.

　예를 들어, 초등학교 자녀가 있는 경우와 병치레가 많은 어른이 있는 경우 그리고 부부가 오붓하게 내려가는 경우는 그 입장이 다르기 마련이다. 지역적 제약 없이 자유롭게 일할 수 있는 직업을 가진 이와 대도시 시장을 염두에 두고 일해야 하는 사람 역시 그 입장이 다르고 농사를 지으려는 사람과 농사를 짓지 않고 전원생활만을 즐기려는 사람의 입장이 다르다.

　어디 그 뿐인가, 농촌에서 태어나 오랫동안 도시생활을 한 귀농인 조차도 고향으로 가야할지, 아니면 연고가 없는 곳으로 자유롭고 홀가분하게 내려갈지 고민하기 마련이다. 결론적으로, 이런 문제에 답을 얻기 위해선 귀농귀촌의 목적 즉, 왜 귀농하려는가에 대한 질문을 스스로에게 던져봐야 한다. 귀농지의 선정은 귀농 후 삶의 만족도를 좌우하는 매우 큰 문제라 그 해답 역시 신중하게 얻어야 한다.

그러나 어떤 사람들은, 아니 생각보다 많은 사람들이 이런 객관적인 데이터에 의해서 귀농지를 결정하지 않고 막연한 끌림으로 귀농지를 결정하기도 한다.

냉철한 이성과 판단보다 딱히 구체적으로 말할 수 없는 끌림, '왠지 이 곳이 좋다!'하는 마음이 결정적 원인이 되기도 하니 귀농지와의 인연은 이성과의 인연과 비슷한 면도 있는 셈이다. 얼굴 예쁘기로야 미스코리아도 있고 유명 여배우도 있겠지만 내 옆에 있는 짝은 그 사람들이 아니다. 내 맘을 편하게 해주고 나를 이해해 주니 내 눈에는 내 옆에 있는 짝이 가장 아름답다. 땅도 마찬가지다. 공기 좋고 물 좋은 곳, 관광명소 많고 풍광 좋은 곳, 바다나 산이 가까이 있어 자연의 산물이 풍족한 곳들은 다 제각각 따로 있지만 내가 마음이 편하고 왠지 기분이 좋은 나의 귀농지는 따로 있다. 그런 사람들에겐 제법 객관적이고 치밀한 판단기준들보다 막연한 감정이 귀농지를 선정하는 기준이 되기도 한다.

1) 큰 도시와 작은 도시

2020년 12월 현재, 우리나라는 75개 시와 82개의 군, 69개의 구가 있다. 75개 시 중에는 도농복합형태의 시가 54곳인데 경기도 용인시 같은 경우는 인구가 1,074,176명으로 백만 명이 넘는다. 반면 경북 영양

군과 울릉군은 그 인구가 각각 16,692명과 9,077명으로 2만이 되지 않는다[4].

귀농지를 선정함에 있어 시 단위의 비교적 큰 도시로 갈 것인지, 군 단위의 작은 도시로 갈 것인지 고려가 되어야 한다. 물론, 시와 군을 구분함에 있어 단순히 인구 수만 고려하는 건 아니다. 산업구조와 재정자립도 등이 두루두루 반영된다. 그렇기에 시와 군은 여러 가지 기반시설 정도나 생태 환경적 문제, 땅값 등에서 차이가 나기 마련이다.

전업농사를 목적으로 한 귀농이라면 땅값이 싸고 농업 비중이 높은 작은 농도가 유리할 것이다. 또, 오지나 다름없는 한적한 곳에서 조용히 살고 싶어하는 사람들이나 깨끗한 환경에서 건강하게 살고 싶은 사람들에게도 작은 도시는 문제가 없다. 아무래도 자연환경은 도시의 규모와 반비례할 수밖에 없다. 그러나 많은 인구가 뒷받침되어야 하는 사업을 할 생각이라면 규모가 큰 도농복합도시로 가는 것이 낫겠다. 농업 중에서도 신선도가 생명인 시설채소나 저장성이 낮은 품목을 할 경우엔 광역시 정도의 거대한 도시를 배후로 두고 있는 지방으로 가는 것이 좋다. 또한 도시에 사업장이 있어서 도시와 농촌을 계속 오가야 할 입장인 사람이나, 도시의 친구나 친척과 계속 교류를 해야 될 상황이라면 도시와 가까운 곳이나 도시로의 접근성이 좋은 교통요지로 가야 할 것이다. 분명한 것은 도농복합형태의 도시라 할지라도 규모가 크면 클수록 떠나왔던 도시를 닮아간다는 점이다. 간혹 깊은 산골로 들어가 버리는 귀농인들을 보곤 하는데 그 마음을 이해 못하는 건 아니다.

어른이 있거나 자녀가 있을 경우, 고려해야 될 사항이 더 많아진다.

---

4) 2020년도 지방자치단체 행정구역 및 인구현황, 행정안전부

요즘은 초등생 자녀를 둔 젊은 엄마들이 교육문제로 인해 일부러 귀농을 하는 경우가 많다. 시골학교는 학생 수가 적어서 교사들의 관심이 더 많이 집중되고, 자연에서 마음껏 뛰놀며 건강한 정서를 키울 수 있다는 매력, 다양한 특별활동과 '방과후 활동' 프로그램 등이 준비되어 있다는 점 등이 장점으로 알려졌기 때문이다. 따라서 초등생 자녀가 있는 경우는 전학할 학교의 특징을 미리 살펴보는 것이 좋고, 통학버스의 운행 실태도 파악할 필요가 있다. 더불어 상급학교로 진학했을 때 상황까지 고려하여 귀농지를 선택하여야 한다. 농촌은 도시와 달리 한번 정착하면 이사를 하는 경우가 많지 않고 특히, 집을 짓게 되면 평생 그 곳에 정착한다는 마음으로 살아야 하기 때문이다.

어른을 모시고 있을 경우엔 주위에 보건소가 가까이 있는지, 큰 병원이 얼마나 멀리 있는지 등이 우선적으로 고려가 되어야 한다. 요즘은 시골에도 1시간 내 거리에 큰 병원이 1~2곳 정도는 있기 마련이다. 또한 너무 마을 중심부에서 떨어진 것도 좋지 않다. 마을회관에 모여서 마을 어른들과 교류하면서 시간을 보내면 몸과 마음도 건강해지기 마련이다. 마을회관이 멀면 왕래하기가 불편해진다. 걸어서 갈 수 있을 정도의 거리가 좋다. 요즘도 겨울이면 마을주민들이 마을회관에 모여 함께 식사를 하는 농촌이 많다.

도농복합도시 중 인구 상위 10 & 전체 도시 인구 하위 10

도농복합도시 중 인구 상위 10			전체 도시 인구 하위 10		
1	용인	1,074,176	1	울릉	9,077
2	창원	1,036,738	2	영양	16,692
3	화성	855,248	3	옹진	20,455
4	청주	844,993	4	장수	22,085
5	남양주	713,321	5	양구	22,278
6	천안	658,808	6	군위	23,256
7	김해	542,338	7	무주	24,036
8	평택	537,307	8	화천	24,857
9	포항	502,916	9	청송	25,044
10	김포	473,970	10	진안	25,394

출처: 2021년도 지방자치단체 행정구역 및 인구현황, 행정안전부

귀농귀촌 1번지로 인기 끄는 전북 고창군 시내 모습

2) 전망 좋은 곳과 교통 좋은 곳

호텔 중에서는 바닷가를 바라보고 있는 객실의 숙박료가 그렇지 않은 경우의 숙박료보다 더 비싼 경우가 있다. 도시에서 건축물이 들어설 때, 조망권이 법적인 문제가 되어 갈등을 빚는 경우도 있다. 그 만큼 전망이 중요하고 이는 돈으로 환산하기 어려울 정도로 가치가 있다. 청정하고 아름다운 경관을 찾아 온 농촌에서는 도시에서 집 짓는 것보다 훨씬 더 큰 의미가 있다. 그러나, 무턱대고 전망 좋은 부지만 고집하면 낭패를 겪을 수 있다.

> **사례12** 바다가 보이는 전망, 그러나 겨울에는
>
> 김씨는 귀농하면서 바다가 한눈에 내려다보이는 언덕에 집을 지었다. 집을 지은 곳은 지역 주민들이 밭작물을 주로 재배하던 농지였다. 집을 완성한 후에는 거실에서 넓은 창으로 서해 바다를 내려다보는 재미로 살았다. 아름다운 노을까지 더해지면 그야말로 그림 속 풍경이 그대로 연출되었다. 더할 나위 없는 행복이라 여겼지만 불편함은 겨울이 되면서 그대로 불거져 나왔다.
>
> 다른 집보다 경사도가 있는 언덕에 집을 짓다 보니 눈이 와서 쌓이면 자유로운 통행이 불가능했다. 남보다 부지런을 떨면서 바로바로 제설작업을 하지만 적설량이 많아지면 강한 햇빛이 얼른 눈이나 얼음을 녹여주기만을 바랄 뿐이었다. 부득이하게 차를 가지고 움직일 때면 불안한 마음으로 집을 나서기 일쑤고 또 밖에서 들어올 때

도 눈이 쌓인 날은 크게 긴장을 하곤 했다.

사례13 마을과 떨어진 상류 저수지 위 호젓한 집

이씨는 마을과 조금 떨어진 저수지 위에다 집을 지었다. 저수지를 바라보는 풍광이 아주 아름다웠고 마을사람들과 매일 부딪히지 않아도 되었으니 조용히 살기 제격이라 판단했기 때문이다.

집이 완공되자 제일 먼저 불편을 토로하는 사람은 마을 우체부였다. 한 집 배달을 위하여 저수지 위를 한참 올라가야 하니 힘들 수밖에 없는 상황이다. 이씨의 당초 의도대로 마을사람들은 이씨 집의 출입을 자주 하지 않았다. 그럴 수밖에 없는 것이 걸어서는 갈 수 없는 거리라 마음먹고 차를 가지고 올라가지 않으면 안 되었기 때문이다. 마을사람들이 일부러 이씨 집을 찾아가야 할 정도의 절박하거나 필요한 상황이 생기는 일도 없었다.

이씨는 나중에서야 외로움을 느끼기 시작하였다. 일찍 어둠이 내리면 할 것이 없는 고립무원의 세상이었다. 어쩌다 한 번씩 찾아오는 낚시꾼들의 모습이 그렇게 반가울 수 없었다. 게다가 나이를 먹어갈수록 혹시나 생길지 모르는 돌발 상황에 대한 염려도 생겨났다. 사람이 갑자기 쓰러질 수도 있지 않은가. 마을에서는 이씨의 동태를 알 길이 없다. 그저 한 번씩 지나가는 차를 먼 발치에서 바라보는 게 전부다.

전망 좋은 비탈에 집을 지을 경우엔 그곳이 남향인지 북향인지, 혹여 눈이라도 오면 잘 녹는 곳인지 살펴봐야 한다. 임도를 따라 올라간다거나 할 정도면 겨울엔 매우 불편하다. 혹시라도 그런 곳에 집을 지었다면 마을주민들과 더욱 더 가까이 지내려고 노력해야 할 것이다.

교통도 중요한 기준이다. 농촌에선 대부분 자가용이 있어서 자가용으로 움직이니 대중교통 문제는 크게 걸림돌이 안될 것으로 생각하기 쉬우나 그렇지만도 않다. 대중교통과의 접근성이 좋은 곳이라면 참 편하고 도움이 된다. 집을 찾는 손님 중에 자동차가 없는 사람이 생길 수도 있고 차를 놔두고 급하게 읍내나 타지에 외출하는 일이 생길 수도 있다.

3. 땅 매입과 농지 임대는 어디서 어떻게

귀농하여 살 땅을 구하는 방법은 몇 가지로 나눌 수 있다. 전문 중개사사무소를 이용하는 방법, 마음에 드는 마을을 정하고 그 마을 주민들을 통해서 땅을 구하는 방법, 빈집을 구해 살아가면서 마을 주민들을 통해 땅을 마련하는 방법 등이다. 이중 상책은 시간도 투자하여야 하고 공도 들여야 하는 마지막 방법이고 가장 하책은 손쉬운 첫 번째 방법이다.

귀농할 것이니 땅이 필요하고 땅이 필요하니 전문 부동산중개사사무소를 통해 물건을 찾겠다는 것은 도시인다운 발상인데 몇 가지 문제점이 있다. 첫째, 좋은 땅을 만나기 어렵다. 당연한 이야기겠지만 좋은 땅이 마을을 벗어나 부동산 사무실에 일하는 사람들의 귓속까지 들어갈리 만무하다. 설사 쓸만한 땅이 나온다 해도 가격이 매우 비싸다. 보통 농촌에서 부동산이 거래되는 형태를 보면 알음알음 주위 사람들이 먼저 알고 거래한다. 주위 사람들과 거래 안 되는 물건은 인터넷이나 해당 지역의 귀농귀촌 관련 기관을 통해 홍보를 한다. 이렇게 해도 임자가 나서지 않는 땅이나, 터무니없이 비싸게 매매가가 책정된 부동산들은 전문 중개사사무소를 통해 전국으로 얼굴을 내밀게 된다. 특히, 귀농인이나 외지인들에겐 지역민들과 거래되는 가격대와 달리 조금 더 비싼 가격대에 내놓게 된다. 현지 부동산에 대한 정확한 시세 정보가 없는 외지인들은 시세보다 비싼 가격에도 불구하고 절대적인 가격만 생각하면서 싸다고 느끼며 덥석 구입을 하게 되는 것이다.

하책이 무조건 나쁜 건만은 아니다. 바빠서 발품이나 시간 투자를 하기 어렵거나 시간 절약을 하고 싶다면 전문 중개사사무소를 이용하는 방법밖에 없다. 땅에 대한 전문 지식이 없는 사람도 마찬가지다. 귀농 관련 인터넷 카페와 같이 인터넷에 올려진 매물을 찾아보는 방법도 있다.

귀농하겠다고 하여 무턱대고 집이나 땅부터 사는 것은 바람직하지 않다. 우선 빈집을 구해 살아보면서 천천히 땅을 마련하고 집을 짓는 게 좋다. 일단 마을사람이라고 인정을 받게 되면 좋은 땅도 귀에 들어오게 되고 땅값도 지역민들끼리 공유하는 저렴한 가격으로 만날 수 있다.

집을 짓기 위해선 내 땅이 반드시 필요하지만 농사짓는 데에는 내 땅이 꼭 필요한 것은 아니다. 농지는 빌려서 짓는 경우가 많기 때문이다. 고령인구가 많은 농촌에서는 힘이 부쳐 농사를 짓지 못하고 묵히는 농지들이 많다. 한 해 한 해 바뀔수록 땅주인이 경작을 포기하는 농지들도 늘어난다. 이런 땅을 활용하여 농사를 지으면 된다. 임대료(도지)는 1년 분을 현금으로 주거나 쌀과 같은 농산물로 대신하는 경우도 있다. 경작을 포기하더라도 특별한 변수 (몸이 많이 아파서 치료비가 많이 들어간다거나, 도시 자식들에게 목돈을 마련해 주어야 한다거나 등)가 생기지 않는 한 굳이 땅을 팔려고 하지 않는 곳이 농촌이기도 하다. 그래서 노는 땅은 많아도 매물은 귀하다. 매각하지 않고 방치된 채 묵혀놓는 폐가들 때문에 농촌 경관이 망가지고 지역의 문제가 된다고 언론에서도 몇 차례 문제 제기를 한 적이 있을 정도다.

농촌에 빈집이 늘고 있다. 사람이 살지 않으면 급속히 폐허가 되어버린다.

농촌의 부동산 정보는 마을의 이장이 많이 갖고 있다. 소재지권에서도 상업에 종사하는 주민들 중에는 부업으로 무허가 부동산중개업을 하는 분들이 면 단위별로 몇 명씩 있기도 하다. 소재지권에서 수소문하면 이런 역할을 하는 사람들을 쉽게 찾을 수 있다. 그런데 모두 그런 건 아니지만 간혹 매매가에 수수료를 얹어서 알선하는 경우가 있다. 예를 들어 5만 원 짜리 땅인데 55,000원 짜리 땅으로 소개를 한 후 5,000원을 알선 수수료 명목으로 챙기는 경우다. 물론 무허가 중개소이다 보니 항의하기도 쉽지 않다. 중간에서 알선한 사람 수수료를 넉넉하게 준다고 생각하면 마음이 편하다. 요령껏 매매가를 좀 깎아서 계약서에 도장 찍는 것도 방법이다.

농지를 구입할 때 주의사항으로는 등기상의 소유주가 맞는지 반드시 확인하여야 한다는 점과 실제 거래가 보다 낮은 계약서(다운계약서)를 쓰면 낭패를 당할 수 있다는 점 등이 있다. 특히, 실매매가보다 낮은 계약서를 쓰게 되면 토지를 되팔 때 무거운 세금을 물 수가 있다. 기본적으로 농지는 소유자가 직접 그 지역에 머물면서 8년간 농사를 지으면 양도세가 100% 감면된다. 또한 농지를 구입하여 주택이나 농산물가공시설(공장), 판매장 등을 지으려면 관련 법규와 토지이용계획을 꼼꼼하게 따져봐야 한다. 토지이용계획원을 열람하면 해당사항을 자세히 확인할 수 있다.

토지e음 http://eum.go.kr

한국농어촌공사에서 운영하는 농지은행 홈페이지를 방문해도 농지를 구할 수 있다.

　한국농어촌공사 (옛날 이름이 '농업기반공사'여서 농촌에서는 아직도 '기반공사'라 부르는 사람들이 많다.)에서는 '농지은행'제도를 운영하고 있는데 경작이 어려운 농지를 임대하여 농지를 구하는 사람들에게 연결시켜 주는 시스템이다.

　* 홈페이지 www.fbo.or.kr

　* 상담전화 1577-7770

〈참고〉 토지이용계획원 보는 법

토지이음 사이트에 접속하면 토지이용계획원을 확인할 수 있다.

토지이음 서비스에 접속하여 '토지이용계획'을 클릭한다. 해당 번지의 주소를 입력하면 확인도면과 각종 규제 정보가 나온다. 지도 상에서 녹색으로 나오는 부분은 농업진흥구역이다.

확인 도면 밑의 '지역, 지구 등 안에서의 행위제한 내용'에 관련 규제 조항이 나온다.

규제조항을 클릭하면 세부 내용이 나온다.

4. 농지원부 만들기와 농업경영체 등록

성인이 되면 주민등록증을 발급 받듯이 귀농하여 농업인이 되면 가장 먼저 만들어야할 것이 바로 농지원부다.

농지원부란 농지를 효율적으로 이용하고 관리하기 위하여 농지의 소유 및 이용 실태를 시·군·읍·면에서 자세히 파악해 놓은 문서다. 시·군·읍·면의 장은 농지원부의 열람신청 또는 등본 교부신청을 받으면 농지원부를 열람하게 하거나 그 등본을 내주어야 한다. 농업인이 신청하면 자격증명도 발급해 주어야 한다. (농지법 제 49조, 50조)

농지원부가 농지의 소유권을 증명해주는 것은 아니다. 소유권이 아니라 누가, 어떤 농사를, 얼마나 짓고 있는지를 나타내는 문서라는 게 일반 부동산등기부와 다른 점이다. 따라서 A 씨에게 농지를 임차하여 B씨가 농사를 짓고 있는 땅이라고 해도 B씨 농지원부에 올려야 하는 것이다.

농지원부에는 농업인의 기본 인적사항과 배우자를 포함한 가족사항,

소유농지 현황, 임차 농지 현황, 경작현황 등을 기재하게 되어있어 농업인의 영농상황을 한눈에 파악할 수 있다.

농지원부는 농업인의 신분을 증명하는 서류로서 농촌 현장에선 아주 유용하고 빈번하게 쓰이고 있다. 예를 들면, 농지원부가 있으면 매달 내는 건강보험료를 50% 감면 받을 수 있다. 고등학생 자녀의 학자금을 면제 받을 수도 있고 대학생이 있다면 무이자로 학비를 대출받을 수 있다. 농지 보유 8년이 지나 매도할 경우 2억까지 양도소득세를 감면 받는 등 그 혜택은 일일이 열거하기 어려울 정도다.

농지원부 보유 시 혜택

1) 농지를 전용하여 농가주택이나 축사, 창고 지어도 일정 면적 내에 농지보전부담금 면제

2) 농지원부 작성 후 2년이 경과해서 인근 20km 지역 내 다른 농지를 취득할 경우, 취등록면허세의 50% 경감. 국민주택채권 매입 면제

3) 농지원부 보유하고 8년 이상 재촌 및 자경이 입증되면 농지 양도 시 최대 1억 원까지 양도소득세 감면

4) 농협에 조합원으로 가입 가능. 농자금 대출 가능

5) 영유아 양육비 지원. 고등학교 학자금 면제, 대학 등록금의 무이자 대출

6) 국민건강보험료 50% 경감

7) 국민연금 가입 시 일정 금액 내에서 50% 지원

8) 농업용 면세유 구입 시 필요

9) 농업인 자격 증명이므로 그 외 농업인에 대한 여러 지원 제도에 대한 수혜 가능

그렇다면 농지원부를 만들 수 있는 자격은 어떻게 될까? 농지법시행령 제 70조에는 다음과 같이 신청 자격을 제한하고 있다.

1) 1천 제곱미터 이상의 농지에서 농작물을 경작하거나 다년생 식물을 재배하는 자
2) 농지에 330 제곱미터 이상의 고정식 온실 등 농업용 시설을 설치하여 농작물을 경작하거나 다년생 식물을 재배하는 자
3) 준농업법인은 직접 농지에 농작물을 경작하거나 다년생 식물을 재배하는 국가기관·지방자치단체·학교·공공단체·농업생산자단체·농업연구기관 또는 농업 기자재를 생산하는 자 등으로 한다.

농지원부는 각 시군의 읍면 산업계에서 주로 담당하고 있는데 양식을 받아서 거주 마을의 이장 확인을 받은 후 신청하면 된다.

<참고> 농지원부가 농지대장으로 이름이 바뀜

농지법령 개정에 따라 오랫동안 익숙해졌던 농지원부가 2022년 8월 18일부터 '농지대장'으로 그 명칭이 바뀐다. 명칭 외에 일부 내용도 바뀌는데 중요사항은 다음과 같다.

기존 농지원부	변경되는 농지대장
세대별로 작성	필지(지번) 기준으로 작성
농업인(세대) 1,000㎡ 이상의 농지만 작성	전체 농지
농업인 주소지 관할 행정청에서 관리	농지 소재지 관할 행정청에서 관리

농촌에서 생활하다보면 여러 가지 자격 증명을 갖추어 놓아야 할 것이 많다. 농지원부 만큼이나 중요한 것이 농업경영체등록이다. 농업경영체의 개별 정보를 통합, 관리함으로써 농가 규모별, 유형별 맞춤형 농정을 추진하고 정책자금의 중복, 부당 지급을 최소화하여 정책사업과 재정 집행의 효율성을 제고하는 것을 목적으로 하고 있다. '농어업경영체육성 및 지원에 관한 법률'을 근거로 하고 있으며 원래 출발은 농지원부를 대체하기 위함이었으나 현행은 병행하여 쓰고 있다.

농업인에게 농지원부와 농업경영체 등록, 농협 조합원 가입은 필수다.

농업경영체등록의 목적에도 나왔듯이 농업경영체등록은 논 직불금, 밭 직불금 수령의 근거가 된다. 그래서 해마다 국립농산물품질관리원 각 시군의 지회에서 해당 읍면사무소의 협조를 얻어 농업인들을 대상으로 농업경영체 등록 갱신작업을 하고 있다. 농업경영체등록은 군청이나 읍면사무소가 아닌 국립농산물품질관리원 산하 각 지원에서 담당하는데 농업경영체등록 현황과 맞게 농지가 경작되고 있는지 여부를 확인하는 것도 업무 중 하나다.

법으로 정한 농업인에 해당이 되면 농업경영체등록을 할 수 있다. 농업법인이나 농업협동조합도 가능하다. 대상 농지 또한 지목과 관계없이 실제 농업에 이용되는 농지면 가능하다.

농업인(농업·농촌 및 식품산업 기본법 시행령 제3조)이란?

다음 각 호의 어느 하나에 해당되는 사람

① 1,000㎡ 이상의 농지를 경영하거나 경작

② 농업경영을 통한 농산물의 연간 판매액이 120만 원 이상인 사람

③ 1년 중 90일 이상 농업에 종사할 것.

④ 영농조합법인의 농산물 출하·유통·가공·수출활동에 1년 이상 계속하여 고용된 사람

⑤ 농업회사법인의 농산물 유통·가공·판매활동에 1년 이상 계속하여 고용된 사람 농업경영체등록 여부는 농지원부의 유무만큼이나 영향력이 크고 쓰임새가 많다. 직불금 수령의 근거가 되는 것 외에 농자재나 농약 등을 구입했을 때 부가가치세 환급의 혜택도 받을 수 있다. 그러니 꼭 등록을 해두는 것이 좋다.

그 외 농협 조합원으로 등록도 해두면 좋다. 농지원부나 농업경영체 등록 만큼이나 큰 혜택이 있는 건 아니지만 농협을 상대로 한 금융거래 등에서도 도움을 받을 수 있다. 농협 조합원으로 가입하기 위해선 출자금을 납부하여야 한다. 출자금을 납부한 조합원들을 대상으로 매년 연말에 정산하여 배당금을 돌려주는데 그 수익률이 시중 금리를 훨씬 상회하고 있어 재테크 목적으로도 손색이 없다.

또한 농협의 예·적금이나 대출 상품을 이용했을 때 그리고 농협 하나로마트에서 물건을 구입할 때마다 그 실적에 따라 이용고배당금과 사업준비금이 배당되기 때문에 농협 조합원으로서의 혜택이 쏠쏠하다.

농협 출자금에 대한 배당 사례 (2021년 고창 해리농협)

구분	금액	내용	
최초 출자금	1,000,000원	조합원 최초 가입금액	2021년 총 9.37% 배당 (출자 규모에 따라 개인별 차등 적용)
누적 출자금	1,134.699원	현재까지 누적된 출자금	
2021년 출자배당금	34,810원	출자금 대비 배당율	
2021년 이용고 배당금	65,789원	하나로마트, 예·적금과 대출 등 농협 이용 실적에 따른 배당. 현금 인출 및 재출자 선택 가능	
2021년 사업준비금	79,995원	하나로마트, 예·적금과 대출 등 농협 이용 실적에 따른 배당으로 현금 인출이 불가하고 조합원 탈퇴 시 환급이 됨	

* 계좌입금 요청이 따로 없으면 일괄 재출자 됨.
* 그 외 농협 이용 농자재상품권, 결산 선물 등이 조합원들에게 제공됨.

5. 집 짓기

1) 어디다 지을까, 택지 고르기와 집터 잡기

귀농인들마다 공통적으로 가지고 있는 로망이 있다. 바로 집짓기이다. 살면서 집을 몇 번이나 지어보겠는가? 영업적으로 집을 짓는 사람이야 수도 없이 짓겠지만 내가 살 집은 평생에 한 번 지을까 말까한 일이다. 누군가의 말처럼 '내 집'을 짓는다는 것은 일생일대의 역작이 틀림없다. 더군다나 아등바등 살던 도시에 비해 농촌은 땅도 넓고 마음만 먹으면 뭐든 짓고 만들 수 있는 환경이다.

그러다 보니 어디다 집을 지을지, 고민이 만만치 않다. 이는 결국 어떤 땅을 확보하느냐의 문제다. 땅을 구입할 때는 단순 가격 외에도 여러 가지 환경을 고려하여야 한다. 여러 가지 환경들이 땅값에 반영이 된 상태이기 때문에 절대적인 땅값만 가지고 땅의 경제성을 논하는 건 무리가 있다. 시세보다 비싸지만 전망이 좋은 땅과 시세보다 싸지만 바로 옆에 축산농가가 있는 땅을 가격만 가지고 비교하는 것은 어리석은 일이다.

집 지을 땅을 고를 때 중요한 기준이 몇 가지 있다. 우선 주변에 위해환경이 있는지 확인해 봐야 한다. 축산 농가가 가까이 있어서 냄새가 많이 나고 파리가 들끓는 건 아닌지, 고압 송전탑이 지나가는 건 아닌지, 쓰레기장이 가까이 있는 건 아닌지 등을 꼼꼼하게 살펴보아야 한다.

교통여건도 중요하게 살펴보아야 한다. 자동차 진출입이 가능하여야함은 물론이고 대중교통도 고려해야 한다. 면단위 지역이라면 읍내에서들어오는 농어촌버스가 가까운 지점에서 정차하여야 한다. 항상 자가용만 타고 다닐 순 없다. 대중교통을 이용할 일도 있는데 버스 정류장이멀면 걸어 다니기에 여간 불편한 게 아니다. 면소재지 정도 되면 지역내를 순환하는 버스 외에 지역 밖까지 운행하는 시외버스도 들어오는경우가 종종 있다. 그렇다면 더할 나위 없이 좋은 여건이다. 자동차 진출입이 가능한 땅이라 할지라도 지나친 경사도로 인해 겨울철에 위험한상황이 발생할 염려는 없는지 고려해야 한다. 흔히 전망 좋은 땅은 경사가 있기 마련이다.

'전망이 좋은가'는 귀농인들이 가장 중요시하는 집터의 여건이다. 실제로 농촌을 여행하다가 전망이 좋고 풍경이 아름다워 그곳에 정착하였다는 소설 같은 이야기도 종종 있을 정도다. 전망이라고 다 같은 게 아니어서 여행 중에 하루 이틀 머물 때 느끼는 것과 한두 해 살림하며 살때 느끼는 것은 다르다. 망망대해 쪽빛 바다를 바라보고 지은 집을 예로들면 어쩌다 한번 방문하는 손님들은 탄성을 내지르지만 정작 집주인은우울증에 빠지기 쉽다. 한편으로 '전망'이라는 것도 정들고 익숙해지면 좋아지게 마련이다. 언덕 위의 하얀 집처럼 최고의 조망을 가지진 못하였지만 정 붙이고 살다보면 아늑하고 편안해져 그 어떤 집보다 만족하게 된다.

가장 고려할 여건은 '이웃'이다. 이웃이 없어도 문제고 많아도 문제다. 이웃이 없는 외딴 지역에 집을 짓게 되면 외로움이 문제고 치안도 문제가 된다. 건강상의 돌발 변수가 생겨도 마을 사람들이 알 수 없어서 위험한 일이 생길 수 있다. 이웃이 많다는 것은 마을 안으로 들어간다는 이야기인데 나만의 사적 생활을 갖기 어려워질 뿐더러 이웃과의 갈등도 자주 겪을 가능성이 많다. 그래서인지 마을 안으로 들어가길 원하는 귀농인들은 거의 없는 듯 하다. 귀농교육 전문 강사들은 한결같이 마을에서 멀지도 가깝지도 않은 곳에 집을 지을 것을 권하고 있다. 마을과 적당히 떨어진 곳에 귀농인들 두어 집과 어울려 사는 것도 하나의 방법이다. 의도하지 않게 그렇게 되는 경우가 많다. 귀농인들이 선호하는 땅은 다 같고 바라보는 눈 또한 비슷하기 때문이다.

집의 용도에 맞게 땅을 구하는 것도 중요하다. 경관이 멋지다고 농업진흥구역에다 대형 펜션을 짓거나 가든형 식당을 하겠다고 하면 위법이 된다. 농업진흥구역에서는 농가민박도 불가능하다. 농업인주택만 가능하다. 방사한 닭을 키워 소득을 올리겠다고 한다면 당연히 마을과 적당히 떨어진 곳을 구해야 겠다. 농산물을 가공하여 소비자들과 직거래 하겠다면 산 속 공기 좋은 곳 보다 읍면 소재지 대로변이나 눈에 잘 띄는 곳에 땅을 확보하여 제조시설을 들이는 게 유리할 것이다. 그리고 건물을 짓기 전에 미리 농업인의 자격을 유지하면 농지전용비가 면제 되는 등의 혜택이 있다.

농촌에서 집은 한번 지어 놓으면 되팔거나 크게 고치기가 쉽지 않다. 그만큼 신중하게 땅을 고르고 집을 지어야 한다.

〈건축 가능여부 사전 확인 체크 리스트〉

① '국토의 계획 및 이용에 관한 법률'에 따른 토지 이용규제확인 (국토이용계획확인원)

② 지적도 및 현지 현황 확인 (진입도로 여부 확인, 길이 없는 맹지는 건축 불가, 개인이 포장한 도로는 도로 인정이 안 되기 때문에 지적도와 현황을 꼭 비교)

③ 용도 지역내 '건폐율' '용적율'확인

④ 개발행위 대상여부 확인

⑤ 큰 사업인 경우엔 사전환경성 검토 대상여부도 확인

⑥ '건축허가'또는 '건축신고'대상 여부 확인 (비도시지역의 농가주택은 200㎡이하, 도시지역의 농가주택은 100㎡이하: 건축신고 대상)

⑦ 기타 관련법 적용 대상여부 확인 (대기환경보전법, 수질 및 수생 생태계 보전에 관한 법, 소음진동규제법, 문화재보호 관련법 등)

2) 땅값 보다 더 많이 들어가는 토목공사

집 지을 땅을 결정하는데 있어서 위와 같이 외부적 요건들을 먼저 고려해야겠지만 이와 못지않게 내부적 고려 요건들도 있다.

땅은 저렴한데 집터를 다지기 위한 토목공사비가 많이 들어서 결국 비싼 땅을 사는 경우가 비일비재하다. 논보다는 밭을 선호하는 경우가 모두 이 때문이다. 논은 흙을 받아서 땅을 높이는 성토작업을 하여야 하는데 이때 비용이 제법 들어간다. 흙을 운반하는 덤프 트럭을 몇 대 써야 하고 흙을 내릴 때 이를 골고루 펴면서 다져주는 굴삭기가 있어야 한다. 흙을 다질 때에도 꼼꼼하게 잘 다져야지 다짐공사를 충분히 하지 않으면 나중에 지반 침하 현상이 일어날 수도 있다. 건물을 지어놓고 이런 일이 생기면 참 난감하다. 그래서 땅의 구입을 결정할 땐 토목공사비가 얼마나 들 것 같은지, 잘 헤아려 결정하여야 한다.

수도와 전기를 끌어들이는 비용도 생각해야 한다. 이웃에 집이 있다면 수도와 전기는 어려운 문제가 아니다. 그렇지만 이웃이 멀리 떨어져 있으면 수도나 전기를 끌어 오는데 적잖은 돈이 든다. 아래 표에서 보듯이 전기를 200m 이상 떨어진 거리에서 끌어오게 되면 기본 초과 거리 1m 당 39,000원의 추가금액이 든다. 예를 들어 전기를 300m 떨어진 곳에서 끌어와야 할 사정이라면 초과거리 100m×39,000=3,900,000의 추가금액이 든다.

전기구분	공사기준	공중 공급 (대부분 농촌)	지중 공급
저압 (단상)	계약전력 5kw 까지	246,000원	472,000원
	5kw 초과분 매 1kw 마다	98,000원	114,000원
	기본거리 초과 시 매 1m에 대하여	39,000원 (삼상은 43,000원)	60,000원

　수도도 마찬가지다. 전기는 공중으로 날아다니지만 수도는 지하 매립을 하여야 하기 때문에 공사 과정이 좀 더 복잡하다. 즉, 길이 있어야 수도를 끌어올 수 있다. 이런 것들이 모두 비용의 문제이며 이웃과 마찰을 일으킬 수 있는 예민한 사안이기도 하다. 어떤 사람은 마을과 떨어진 곳에 별장처럼 집을 짓다 보니 상수도 끌어들이는 비용이 천문학적으로 나와 수도 설치를 포기하고 관정을 파서 지하수를 식수로 사용하기도 한다. 상수도 뿐 아니라 배수로 공사도 중요하다. 배수로는 정화조나 생활하수가 흘러 내려가는 길이다. 집을 짓고자 하는 땅 가까이에 배수로를 연결할 만한 하천(구거)이 있는지 확인해야 한다. 배수로는 필요에 따라서 남의 땅(밭) 밑으로 매립해야 할 경우도 생긴다. 이웃과 원만한 대화로 해결하면 도와줄 것이다. 대화가 안되면 이장이나 이웃 사람들에게 지원요청을 하는 것도 방법이다. 마을 사람들이 모이면 어떡하든 도와주려고 하지 훼방 놓으려고 하지는 않는다.

　그러한 행위들을 하기 위해서는 땅을 구입한 뒤 정확한 측량을 하는 것이 필요하다. 농촌의 땅은 실제 땅과 측량한 후의 땅이 딱 맞아떨어지는 경우가 많지 않다. 측량을 통하여 정확한 땅의 면적(경계)을 찾는 것이 필요하다. 인터넷으로 위성사진을 보고 현황 파악하는 것도 하나의 방법이다. 위성사진이 법적 효력은 없지만 98% 정도 정확하다. 위성사진을 확인 후 매매하고 매매 후 경계 측량을 하는 것도 방법이다.

집터 만드는 모습, 땅을 잘못 사면 토목공사로 많은 돈이 드는 수도 있다.

3) 농지 전용과 주택의 규모

귀농인들은 주로 농지를 구입하여 이를 대지로 전용하여 집을 짓는다. 이런 농지 전용 과정이 조금 번거롭고 복잡한데 건축사사무소가 토목설계사무소와 협업하여 도움을 주기 때문에 큰 어려움은 없다.

일단, 농지를 대지로 전용하려면 농지전용 허가를 얻어야 한다. 이때 공시지가의 30%에 해당되는 농지보전부담금이 들어가는데 농업인임을 증명하면 660㎡ 이하의 농지 전용에 한하여 농지보전부담금 면제 혜택이 있다.

농지 중에는 농업진흥구역으로 지정이 된 곳도 많다. 대개 네모반듯하게 경지 정리된 곳들은 대부분 농업진흥구역이다. 농업진흥구역은 여러 가지 제약이 많은데 그렇다고 하여 집을 짓지 못하는 건 아니다. 집도 지을 수 있고 공장도 세울 수 있다. 단, 농업을 전제로 한 당초의 목적에 합당한 것이어야 한다. 집을 지어도 농가주택 규모로 지어야 하고 공장을 지어도 국내산 농수산물을 원료로 한 농수산물 가공처리장(제조업소)에 한하여 건축이 가능하다.

〈농(어)업인주택의 조건 - 농지법시행령 제 29조 4항〉

　① 농업인 또는 어업인 1명 이상으로 구성되는 농업 · 임업 · 축산업 또는 어업을 영위하는 세대로서 다음 각 목의 어느 하나에 해당하는 세대의 세대주가 설치하는 것일 것

　가. 해당 세대의 농업 · 임업 · 축산업 또는 어업에 따른 수입액이 연간 총 수입액의 2분의 1을 초과하는 세대

나. 해당 세대원의 노동력의 2분의 1 이상으로 농업·임업·축산업 또는 어업을 영위하는 세대

② 제1호 각 목의 어느 하나에 해당하는 세대의 세대원이 장기간 독립된 주거생활을 영위할 수 있는 구조로 된 건축물 (「지방세법 시행령」 제28조에 따른 별장 또는 고급주택을 제외한다) 및 해당 건축물에 부속한 창고·축사 등 농업·임업·축산업 또는 어업을 영위하는데 필요한 시설로서 그 부지의 총면적이 1세대 당 660제곱미터 이하일 것

③ 제1호 각 목의 어느 하나에 해당하는 세대의 농업·임업·축산업 또는 어업의 경영의 근거가 되는 농지·산림·축사 또는 어장 등이 있는 시(구를 두지 아니한 시를 말하며, 도농복합형태의 시에 있어서는 동지역에 한한다)·구(도농복합형태의 시의 구에 있어서는 동지역에 한한다)·읍·면 (이하 "시·구·읍·면"이라 한다) 또는 이에 연접한 시·구·읍·면 지역에 설치하는 것일 것

도시 대비 농촌의 땅값이 싸다고 하여 대지를 많이 확보하는 경우가 있는데 관리상의 효율성도 고려하여야 한다. 잔디를 깔거나 텃밭을 만들어도 그렇고 넓은 주차장으로 사용해도 마찬가지다. 넓은 땅을 관리하는 데에는 적잖은 수고가 들어간다. 농사와 마찬가지로 삐죽삐죽 삐져나오는 잡초들이 대지라고 봐주는 경우는 없다.

주택도 마찬가지다. 무조건 넓고 크게 짓는 사람이 있는데 겨울철 난방비와 같이 여러 가지 관리 부분에서 부담이 된다. 참고로 농촌은 읍내 일부를 제외하곤 대부분 도시가스가 들어오지 않는다. 난방은 값비싼 기름이나 공해 배출 우려가 있는 화목보일러에 의지해야 한다. 그렇다면 주거 공간을 적당히 하고 오히려 부속건물에 투자를 하는 것이 더 효율적이다. 둘이 사는 집의 경우 보통 25평에서 30평이면 충분하다.

부속건물로는 어떤 것들이 필요할까? 창고나 비닐하우스는 필수다. 비닐하우스는 다양한 용도로 쓸 수 있다. 재배나 모종내기와 같은 농사도 가능하고 건조작업에도 많은 도움이 된다. 창고는 넓을수록 좋다. '이만하면 되겠지'하고 지어놓고 보면 좁아서 확장하는 경우가 많다. 농기계와 여러 가지 기구, 장비들을 놓을 공간이 필요한데다가 농촌에선 도시 같지 않게 여러가지 살림살이와 먹거리들을 여분으로 비축해 놓게 된다. 예를 들면, 쌀이나 곡물과 같이 수확한 농산물을 저장해야 하고 어쩌다 한번 쓰는 살림살이도 버리지 않고 다 보관하게 된다. 그래서 저온저장고도 있으면 요긴하다. 지인 중에는 3평짜리 저온저장고를 지어 놓고 가정용 냉장고로 쓰는 사람도 있다. 냉동실을 열면 생선 상자도 있고 복분자도 있고 어쩌다 쓰는 생수도 상자째 얼려있다.

특별한 취미생활이 있다면 취미 공간을 만드는 것도 좋다. 목공예에 취미가 있다면 목공예 작업실, 꽃 가꾸기를 좋아한다면 야생화 하우스 작은 것 하나 있으면 삶이 윤택해진다. 손님접대가 많다면 손님 접대용 별채나 야외 바비큐장 같은 것들을 생각해 볼 수 있다. 지역의 토착민 중에는 거실에서 손님접대를 해주지 않는 것을 서운해 하는 사람도 간혹 있지만 농사일 하다가 지저분한 차림에 편하게 앉아서 소주 한 잔 할 수 있는 공간이 별도로 있다면 정말 쓸모가 많다.

　여기에도 주의할 점은 있다. 농촌에는 관행적으로 사용하는 무허가 건물들이 많다. 창고나 별채, 비닐하우스 등이 대표적 예다. 귀농인들은 가능하면 무허가 건물을 만들지 않는 게 좋다. 혹시나 허가사업을 할 경우에 무허가 건물이 걸림돌이 될 수도 있기 때문이다. 또한 드문 경우긴 하지만 이웃과의 분쟁이 생길 경우, 이웃이 엉뚱하게 무허가 건물을 트집 잡는 경우도 있다. 농업용 비닐하우스에서 농사 행위와 관계없는 농촌 체험 프로그램을 운영하다가 이웃의 신고로 큰 불편을 겪은 이웃을 직접 목격한 경우도 있다.

4) 어떤 자재로 집을 지을까

　건축기술의 발달로 시중에는 다양한 건축자재가 나와 있다. 건축자재를 고르는데 있어서 가장 우선시되는 기준은 역시 비용과 건축주의 취향이다.

　황토방이나 흙집을 짓겠노라 노래를 부르다가도 막상 귀농한 뒤에는 샌드위치패널로 집을 짓는 사람도 많다. 도시인의 로망인 황토방이나 통나무집은 정작 농촌에서 보기 쉽지 않다. 지병이 있어 친환경자재를 고집해야 한다거나 영업을 목적으로 한 건물이 아닌 이상 황토방이나 통나무집처럼 건축비가 많이 들어가고 관리가 어려운 건축물을 고집하기가 부담스럽기 때문이다.

＊샌드위치 패널 (경량철골조 / 조립식주택)

공사비가 적고 공기가 짧은 샌드위치 패널(경량철골조)조 주택 시공 모습

공장에서 생산한 얇은 철판과 스티로폼으로 된 샌드위치 패널을 조립하여 짓는 공법. 예전에는 간단한 창고나 공장 등의 건축에 많이 쓰였으나 요즘은 주택에도 많이 적용되고 있다. 공기가 짧고 공사비가 적게 드는 장점에 비해 화재 에 취약하고 판넬 조립이 치밀하지 않으면 방수나 단열 등에 문제가 생길 수도 있다. 또한 내진구조가 아니며 중층과 같은 복층 형태로 짓는 경우도 있는데 단층에만 적용이 가능한 공법이다.

요즘은 판넬 외벽에 벽돌을 붙이기도 하는데 벽돌을 붙여놓으면 외관상 판넬조 주택인지 알 수가 없다.

현대에 들어 많이 지어 온 대표적 건축공법이다. 압축강도가 커서 옥상이 있는 건물을 만들 때 효과적이다. 내진구조가 가능하며 화재에도 강하나 공사기간이 오래 걸리는 건 단점이다. 평지붕은 옥상 방수관리가 주기적으로 필요하다. 대안으로 경사지붕을 많이 하는데 평지붕 대비 건축비가 더 들어가지만 방수관리의 수고로움을 덜 수 있다.

결로를 대비해서 내부 단열을 이중으로 해주면 매우 좋다. 생각하는 대로 실현이 가능한 공법이며 안전한 구조이다.

* 목조주택

황토로 짓는 집과 함께 대표적인 친환경 건축공법으로 사랑받고 있다. 나무로 짓는 집을 통칭하여 목조주택이라고 하는데 세부적으로 경량목구조, 중목구조, 통나무집 등으로 나뉠 수 있다.

경량목구조는 2×4인치 혹은 2×6인치와 같은 비교적 가벼운 각재를 이용하여 골조를 만든다. 지진에 강하고 단열도 좋으며 미주 등지에서 발달한 건축공법이다. 중목구조는 경량목구조보다 더 크고 무거운 목재를 이용해서 짓는 건축공법이다. 통나무집은 벽, 지붕 등 주요부를 통나무를 활용하여 짓는 공법으로 우리나라 자연휴양림 등에서 한때 유행하기도 했다. 내구성과 단열이 좋고 습도 조절 효과도 있으며 무엇보다 자연미가 있다.

특히, 아토피와 같은 피부질환이나 호흡기질환이 있는 사람들이 건강 회복 목적으로 많이 짓기도 한다. 이때는 최종마감재도 자연재료를 쓰는 게 좋다.

경량목조로 짓는 어느 귀농인의 집

＊스틸하우스

내구성과 강도가 뛰어나 태풍과 같은 자연재해로부터 피해가 적고
공간 활용도가 뛰어나다. 철 특성상 열 전도율이 높아 결로현상이 발생
할 수 있다는 점은 단점이다. 건축비용도 많이 든다. 스틸스터드로 목조
주택과 같은 골조를 만든다는 점에서 샌드위치패널 건축과 차이가 난
다.

＊황토집(흙집)

가장 친환경적인 건축재이며 손수 집을 짓는 마니아들이 늘면서 다
양한 건축공법도 발달하였다. 습도와 온도조절 능력이 뛰어나고 무엇보
다도 농촌에 어울리는 운치가 장점이다. 단점으로는 빗물과 바람, 온도

등에 의하여 황토벽이 훼손될 수 있어 정기적으로 보수 및 관리를 해주어야 한다. 요즘은 황토에 화학첨가물을 넣어 흘러내림을 방지하고 내구성을 높이기도 하는데 이렇게 되면 친환경자재 본연의 특성을 잃게 되어 문제점으로 지적되고 있다.

단열효과를 높인, 볏짚으로 지은 황토집(Strawbale House[5])도 있고 양파망과 같은 백에다 흙을 넣어 차곡차곡 쌓아서 지은 황토집도 있는 등 여러 가지 시도가 이루어지고 있다.

볏짚을 넣어 지은 스트로베일하우스,
밑에 마크는 한국스트로베일건축연구회 로고이다.

5) 스트로베일하우스(Strawbale House)는 압축된 볏단을 넣어 만든 황토집이다. 국내에 한국스트로 베일건축연구회 (http://cafe.naver.com/strawbalehouse)가 있어서 스트로베일하우스 건축을 보급하고 기술을 연구하고 있다. 스트로베일하우스는 매년 생산되는 자연재료인 볏짚으로 지을 수 있다는 점에서 생태적 우수성을, 그리고 뛰어난 단열성을 자랑한다. 살아 숨 쉬는 벽체라 안 좋은 냄새도 자연스레 배출해주는 등 통기성도 우수하다. 미국 농촌에서 유래되어 우리나라에는 2005년에 들어왔다.

* ALC (Autoclaved Lightweight Concrete/ 경량기포콘크리트)

고온고압증기로 양생된 콘크리트블록을 벽돌처럼 쌓아서 짓는 공법. 작업이 쉬워서 공기가 적게 걸리는 장점이 있다. 화재에 강하지만 습기에는 약하다.

* 조적조(벽돌)

지금 남아있는 농촌의 옛날 건물들은 흙집 아니면 벽돌조 건물이다. 벽돌을 쌓아서 지은 집이라 방음은 양호하나 단열과 방수가 약하다. 내구성이 약해 건축 공법이 발달한 요즘은 잘 쓰지 않는다. 내진구조도 불가능하다.

요즘은 '패시브하우스'가 뜨거운 관심이다. 패시브하우스는 '수동적(passive)인 집'이란 뜻으로 에너지를 능동적으로 끌어다 쓰는 액티브(active)하우스의 반대되는 개념이다. 외부에서 에너지를 끌어다 쓰는 액티브하우스에 비해 패시브하우스는 집안의 열이 새어나가는 것을 최대한 억제한다. 화석연료를 쓰지 않고서도 집안을 따뜻하게 유지하는데 다양한 기술들이 동원된다.

건축비가 매우 비싸기 때문에 패시브하우스에 대해 충분히 이해하는 건축주가 아니고서는 접근하기 어렵다.

5) 직접 지으라고?

"직접 지어 버리게. 집 짓는 거 아무것도 아녀."

집을 짓겠다고 하면 마을 사람들은 직접 지으라는 말을 아무렇지도 않게 한다. '직접 집을 짓는다'는 것은 업체에 맡기지 말고 직접 분야별 기술자들을 불러다가 지으라는, 총감독 역할을 말하는 것이다. '직영'이라고 한다. 그러니 못을 박을 줄 모르는 사람도 집을 지을 순 있다.

그렇다고 그게 어디 쉬운 일인가. 평생 남이 지어준 집에서 살아본 도시사람들에겐 집 짓는 과정조차 알 길이 없다. 집을 직접 지으려면 집 짓는 과정과 그 시스템을 충분히 이해해야 가능한 일이다. 농촌 주민들은 집을 지어 본 경험을 갖고 있는 사람들이 많다. 누구네 집을 짓는다고 하면 동네사람들이 모여서 조금씩 도와주며 같이 짓는 경우도 많았다. 옛날에는 그렇게 집 짓는 문제도 자급자족을 한 곳이 농촌이었다.

다행스럽게 집 짓는 시스템을 좀 안다거나, 주위에서 꼼꼼하게 도와주겠다는 전문가가 있다거나 해서 직영으로 집을 짓는 경우는 공사비의 상당량을 절약할 수 있다. 건축 자재의 선택에서도 건축주의 의견을 세심하게 반영하여 지을 수 있다. 물론, 소기의 목적을 달성하기 위해선 건축주의 노력도 필요하다. 현장에서 세심하게 작업 현장을 지켜보며 감독을 하여야 한다. 그러기 위해선 건축과 관련한 충분한 지식을 습득하여야 한다. 기초 지식이 있어야 기술자들을 관리할 수 있기 때문이다. 직영 능력이 있는 건축주일지라도 농사나 다른 일로 바빠서 현장을 지켜볼 시간이 없다면 직영 건축이 적합한 방법이라 할 순 없다.

업체에 모든 걸 맡기는 일괄수주계약 형태를 현장에서는 '턴키

(turnkey)' 방식이라고 한다. 이런 형태는 이론상 건축주가 신경 쓸 일이 전혀 없다. 전문가(현장에서는 보통'소장'이라고 한다)를 리더로 한 작업 팀에서 알아서 건축주의 요구대로 집을 지어주기 때문이다.

그러나 현실은 전혀 그렇지 않다. 시공자가 양심껏 시공을 하면 좋은데 저급 자재를 쓰는 경우가 있다. 어차피 받기로 한 금액이 정해져 있기 때문에 비용절감 여부에 따라 수익율에 큰 차이가 나기 때문이다. 저급자재를 쓰기도 하지만 최초 설계도에서 요구하는 자재가 아닌 좀 더 저렴한 등급의 규격을 쓰기도 한다. 게다가 꼼꼼함이 필요한 작업 부분에서 작업을 대충하고 넘어가는 경우도 허다하다. 이런 사례가 건축주와 시공자 간의 갈등을 불러일으키고 있다. 따라서, 턴키 형태의 계약도 건축주가 자주 공사 현장을 지켜서 공사 진척 상황과 설계도대로 진행이 되고 있는지 꼼꼼하게 살펴보는 게 좋다.

이런 모든 일들이 결코 쉬운 일이 아니다. 집을 짓는 과정에서 얼마나 스트레스를 받고 골머리를 앓는지 '집 한 번 짓느라 폭삭 늙었다'는 이야기가 흔하게 나온다.

사례14 건축 주 없는 사이에 멋대로 지어버린 건축업자

귀농 후 빈집을 임대하여 생활하던 정씨는 집을 짓기 위해 건축업자 3명을 연달아 만나봤다. 그 중 견적은 가장 비쌌지만 상담과정에서 신뢰와 디자인 감각을 보여준 H씨에게 호감을 가져 샌드위치 패널조로 공사를 맡기기로 하고 계약을 마쳤다. 공사가 시작될 때만

하여도 공사 문제로 이렇게 머리 아픈 일이 생길지 몰랐던 정씨다.

문제는 정씨가 건축공사에 대해선 까막눈일 정도로 경험이 없는 데다가 직업도 전국을 돌아다녀야 하는 일이라 꼼꼼하게 붙어서 공사현장을 관리감독하기 어려운 상황에서 생겼다. 상량식 때 보니 가로로 5개 들어가기로 한 기둥 역할의 각파이프는 4개가 들어갔고 규격도 원래 설계도에서 제시한 것에 못 미쳐 약해 보였다. 더군다나 지붕 골조인 트러스까지 너무 약하게 짜진 것을 알게 되었다.

시공자인 H씨는 경력이 30년째라고 자랑하며 아무 문제없다고, 뭔 일 있으면 본인이 다 책임진다고 큰 소리 쳤지만 정씨의 마음은 몹시 불편했다. 더군다나, 농촌에서 집을 짓다 보니 지나가는 마을 사람들마다 구경을 하고 가면서 저마다 한마디씩 내뱉고 가는데 그 소리를 들을 때 마다 정씨의 가슴은 답답해졌다.

"이거 눈 많이 오면 견디겠어?"

"누가 지었길래 이렇게 엉터리로 지었단가?"

"이게 무슨 힘이 있다고, 여긴 태풍도 많이 부는 지역인데, 힘 못 받지!"

정씨는 일부 골조에 대한 보강 공사와 더불어 설계도대로 짓지 않았다는 이유로 H씨에게 하자에 대한 책임을 묻는 각서를 받고 공증까지 받았다. 그렇다고 해서 불안하게 지은 집에 대한 불편한 마음이 풀어지는 건 아니었다.

업체에게 모든 것을 맡겼다면 건축비 지급으로 실랑이를 벌이는 일이 많다. 업체 입장에서는 공사대금을 빨리 받고 싶어하고 건축주 입장에서는 하자 체크도 하여야 하니 최대한 늦게 주고 싶기 때문이다. 가장 좋은 방법은 처음 계약할 때 작업 진척도에 따라 주는 것으로 명시하고 그 기준대로 주는 것이다. 마지막 잔금은 충분한 여유를 가지고 지급하는 것이 좋다. 집에 이상이 없는지를 꼼꼼하게 확인하고 더 이상 작업팀의 역할이 필요없다 판단될 때 지불하면 된다.

집을 직영으로 짓는 것도 요령이 있다. 다른 사람 건축현장에 조수로 따라다니며 도와주면서 일을 배우면 큰 도움이 된다. 서너 채 짓다보면 집 짓는 순서와 시스템 등을 자연스럽게 알게 되고 어느 부분을 신경써서 지어야 하는지 두루 깨닫게 된다. 그 정도면 충분히 직영으로 집을 지을 수 있다.

6) 마음 맞는 사람끼리 함께 집 짓기

연고도 없는 사람이 생소한 농촌에 정착하여 살기란 여러 가지로 쉽지 않은 일이다. 그 대안 중 하나로 마음 맞는 사람끼리 함께 귀농하여 사는 방법이 있다.

삶의 가치가 비슷하고 여러 가지로 뜻이 맞는 사람이라면 서로에게 힘이 되어 줄 수 있을 뿐 아니라 사는 재미도 있다. 지자체에 따라서는 5가구 이상 함께 귀농하면 여러 가지 지원을 해주는 곳이 있는데 지자체로서는 귀농인구를 유치하고 귀농인 입장에서는 여러 가지 지원을 받으며 뜻 맞는 사람끼리 어울려 살 수 있는 기반을 마련한다는 점에서 서로 도움이 된다.

〈고창군 사례〉

사업명 : 소규모 귀농귀촌마을 기반조성 사업

사업 내용 : 3~10세대 소규모 공동체 거주지를 조성하고자 하는 귀농귀촌 세대를 대상으로 진입로 개설, 상하수도 및 가로등 설치 등 기반조성 사업 지원(신청일 기준 고창군 전입 2년 미만 및 전입하고자 하는 귀농귀촌 세대)

* 지원금액 : 5천만 원 이내

(6 세대 이상은 1억 원)

자연재료의 결정체, 한옥

〈 상주시 사례 〉

사업명 : 소규모 전원마을 조성 사업

사업내용 : 5~19가구의 소규모 공동체 거주지를 상주시에 조성하여 상주시로 거주지를 이전 하고자 하는 자(단체)를 대상으로 진입도로, 마을 내 도로 포장, 상·하수도 시설 설치 등 기반사업을 지원함.

* 지원한도액 기준 및 범위

5~10가구 : 70,000천원 이내

11~19가구 : 100,000천원 이내

6. 잘 부탁드립니다, 집들이

　우여곡절 끝에 드디어 집을 완공하였다. 어느 정도 정리가 되었다면 바로 집들이를 하는 게 좋다. 집들이는 꼭 집을 짓고 나서 하는 건 아니다. 오막살이 집 한 칸을 임대하였다 하더라도 할 수는 있다. 아니, 하는 게 좋다.

　집들이는 단순히 집 완공을 축하하고 집을 동네사람들에게 구경시켜 주는 기능만 있는 건 아니다. 집들이를 핑계로 동네사람들에게 인사하고 서로 교류의 물꼬를 트는 자리이기도 하다.

　원래 집들이 취지는 집을 오픈하는 성격이 강하지만 요즘은 종종 마을회관에서 집들이를 하기도 한다. 첫째는 집이 좁아서 마을 주민들 모두를 소화하기 어려운 경우다. 둘째는 마을 어른들의 부담을 덜어주기 위함이다. 동네에 누가 이사 와서 집들이를 한다고 하면 뭐라도 들고 가는 것이 우리네 정서고 예의다.

그런데 마을주민의 대부분을 차지하는 고령의 어른들은 이것이 부담스러울 수가 있다. 그래서 배려 차원에서 마을회관에서 하기도 한다. 마을회관에서 하게 되면 빈손으로 와도 무안하지가 않다. 마을회관이 원래 경로당을 겸하고 있기 때문이고 평소에도 모여서 한담을 나누는 곳이기 때문이다.

마을회관에서 집들이를 하면 부녀회장을 비롯한 마을사람들이 서로 팔 걷고 나서서 도와주는 장점도 있다. 단점이라면 아무래도 집들이의 의미가 반감된다는 점이다. 요즘은 집들이 취지와는 많이 벗어나지만 아예 마을에 어느 정도 기금을 내서 마을잔치를 하도록 하는 경우도 있다.

가능하다면, 손이 많이 가고 번거롭지만 이사한 집으로 초대해서 집들이를 하는 게 좋다. 어른들의 부담을 최대한 덜어주는 지혜도 필요하다. 좁으면 좁은 대로 형편껏 하는 게 집들이다. 마을마다 특성이 있어 그 정도는 다르지만 집들이라고 해서 모든 주민들이 다 한 자리에 모이는 게 아니다. 불참하는 주민이 더 많은 게 일반적인 현상이다.

귀농인에 따라서는 집들이를 점심과 저녁으로 나눠서 하는 경우도 있다. 점심 때는 동네 주민들을 대접하고 저녁 때는 그동안 교우했던 귀농인들이나 지인들 그리고 동네 사람들 중에서도 직장 다니는 사람들을 초대한다.

집들이를 한다고 며칠 전에 예고하면 도와주겠다는 사람이 나서는 경우도 있다. 설사 도와주겠다는 사람이 없어도 주위에 도움을 요청하면 기꺼이 나서준다. 이런 명분 저런 명분으로 삼삼오오 모여서 밥 먹고 동네 잔치하는 문화에 익숙한 주민들이라 식사준비 하는 일은 그리 어

비록 허름한 구옥이지만 조촐한 집들이로 마을사람들에게 입촌의 예를 갖춘다.

렵게 생각하지 않는다. 도와준 이웃에겐 남은 음식을 조금씩 싸주고 미리 조그마한 선물이라도 준비해 챙겨주면 열렬한 팬이 될 것이다.

집들이 음식은 귀농인(도시인) 시각으로 준비할 게 아니라 현지인 시각으로 준비하는 게 좋다. 도와주겠다는 사람들과 미리 의논하는 것도 하나의 방법이다. 마을에 따라서는 '잔치=돼지 잡는 날'이라고 생각하는 곳도 있다. 돼지값이 저렴할 때는 이런 저런 음식 준비하는 것보다 돼지 한 마리 잡는 것이 더 경제적으로 도움 될 때가 있다. 돼지를 잡게 되면 다른 음식을 덜 해도 되고 '돼지 잡아 집들이 했다'라는 호평을 듣게 된다. 마을사람들이 최고의 대접을 받았다고 인식하는 것이다.

참고로 마을주민이 돼지를 구입하여 마을에서 직접 잡는 것은 엄연한 불법이다. 그러나 아직까지는 마을의 문화로 인식하고 묵인해주는 마을들이 많다. 돼지 잡는 날에는 지역의 주요 기관장 (면장, 경찰 치안 센터장, 우체국장, 농협 지점장)을 초대해서 인사하고 함께 즐기는 게 좋다. 음식을 좀 여유있게 준비해서 면사무소 직원들도 초대하여 식사를 대접하면 좋다. 지자체마다 다르겠지만 면사무소 직원들이라고 해봐야 올 수 있는 인원이 10명 남짓이다.

지자체에 따라서는 더러 지역주민들과 소통하라며 귀농인들의 집들이 비용을 지원해 주는 곳도 있다.

3

귀농처세술

1. 귀농귀촌인들의 범하기 쉬운 실수 몇 가지

요즘은 귀농 전에 미리 공부를 하는 사람들이 많다. 시행착오를 줄이고 큰 충격 없이 무탈하게 지역 속으로 흡수되기 위함이다. 몇 개월에서 몇 년을 공부하며 준비하는 사람도 있다. 그럼에도 불구하고 귀농귀촌인들이 자주 범하는 실수가 있다. 농사 기술과 같은 테크닉에만 공부가 집중된 게 아닌가 하는 아쉬운 생각도 든다. 결국 농촌도 사람 사는 곳이다. 사람 사는 곳은 모두 비슷하다. 다만 농촌은 개인주의가 발달한 도시에 비해 공동체 유대감이 더 강하고 서로를 바라보는 간극이 훨씬 가깝다 보니 더 문제가 되는 것뿐이다.

동네(농촌에서 동네는 좁은 의미에는 마을이고 넓은 의미엔 면단위 지역이다)마다 입방아에 오르내리는 귀농인들이 몇몇씩 있기 마련이다. 같은 귀농인의 시선에서 봐도 저런 건 좀 너무 하다 싶을 정도의 사안들이 있다. 그럴 땐 덩달아 얼굴이 화끈거린다. 사안의 경중을 떠나서 조금만 조심을 한다면 '남이 내말 하는 경우'는 막을 수 있다.

귀농인들이 자주 범하는 실수 몇 가지를 정리해 보았다. 이 정도면 주의해도 동네사람들에게 '외짓놈', '타지 사람'소리 듣진 않을 것이다.

1) 생활한복에 꽁지머리, 나는야 남다른 귀농인!

귀농인 중에는 생활한복을 즐겨 입는 사람들이 종종 있다. 생활한복이 편하기도 하고 자유로운 영혼의 상징과 같은 복장인데다가 어느 정도 전문성을 갖춘 듯 보이기 때문일 것이다. 사실, 어떤 옷을 입느냐의 문제는 남의 시선을 의식할 필요가 없는 사안이다. 도시 같이 다양성을 존중해주고 이해해주는 사회 같으면, 또는 남의 사생활에 관심을 두지 않는 사회 같으면 문제가 안된다. 하지만 농촌에서는 문제가 되고 사교활동에 큰 지장을 끼친다.

농촌의 지역민들은 대개 편한 작업복을 입는다. 특히 농사일 할 때에는 패션에 큰 신경 쓰지 않고 편안한 옷을 걸쳐 입곤 한다. 면단위나 시군 단위 큰 행사를 하면 단체 티셔츠와 같은 유니폼을 입는 경우가 있는데 이런 옷들은 훌륭한 작업복 노릇을 한다. 그래서 밭에서 일하는 사람들을 유심히 살펴보면 모두 같은 옷을 입고 일하는, 웃지 못할 해프닝도 일어나는 곳이 농촌이다.

그런데 생활한복은 일단 지역민들로부터 경계심을 불러일으키게 만든다. '나와는 다른   남'이라는 생각을 하게 만들고 더 나아가 '잘난 척 하는 사람'으로 보게 만든다. 결국은 동화(同化) 되기 어려운 관계를 만든다. 거기에 머리를 길게 길러서 뒤로 묶은 헤어스타일이라면 보는 사람을 더욱 불편하게 만든다.

생활한복을 입으면 지역민들과 가까워지기 쉽지 않다. 지역민들과 소통하고 친교하는 데에는 나를 낮추는 자세가 필요한데 생활한복을 입으면 나를 낮추는 마음가짐도 아니고 나와 남 사이에 높은 울타리를 치는 격이 된다.

그럼 어떤 옷이 좋을까. 편안한 작업복이면 된다. 특별히 좋을 필요도 없고 특별히 옹색해 보일 필요도 없다. 다만 면사무소나 읍내에 있는 시·군청 방문할 때만큼은 좀 점잖고 정리된 옷을 입고 가는 게 좋다. 최소한의 예의이다.

2) 잡초 투성이가 친환경이라고?

건강과 친환경을 생각하는 귀농인 특성은 텃밭만 봐도 고스란히 드러난다. 제초제나 살충제를 잘 쓰지 않기 때문이다. 부지런한 귀농인은 농약을 아끼는 대신에 틈만 나면 텃밭에 나가 잡초를 뽑아서 비교적 깨끗한 편인데 그렇지 못한 귀농인은 입으로만 무농약, 친환경을 부르짖는다. 텃밭에는 풀이 가득해도 잘 뽑지를 않는다. 보다 못한 이웃의 농사 박사들이 약이라도 치라고 충고를 하지만 잘 듣지를 않는다. 농촌에서 밭을 묵히면 옆에서 농사를 짓는 이웃들이 항의를 한다. 풀씨가 날아와서 멀쩡한 이웃 밭도 잡초가 많이 번진다는 이유 때문이다. 그래서 관계가 악화되는 일들이 종종 있다.

귀농하여 처음부터 농약 없이 농사를 지으려면 무척 힘이 든다. 쉽지 않은 일이다. 그래서 처음에는 이웃주민들의 농사법대로 관행적으로 지어보고 거기서 요령이 생기면 농약을 줄여가면서 친환경이나 유기농 농사로 바꿔가는 방법도 있다.

어쨌거나 농약 치는 것을 무서워하면 농업이 굉장히 힘들어진다. 비록 작은 텃밭일지라도 다 똑같은 문제다.

3) 끼리끼리 귀농인 모임

아직 친하게 지내는 이웃이 없는 초창기, 같은 입장에 있는 귀농인들은 큰 힘이 된다. 그래서 귀농인들끼리 모임도 만들게 되고, 또 따로 모임을 만들지 않더라도 귀농교육 등의 프로그램을 통해서 알게 된 귀농인들과 자연스레 어울리게 마련이다.

그렇지만 귀농인들끼리의 모임이 깊어가고 많아질수록 지역민들과 소통 하는 기회가 점점 멀어진다. 따라서 어느 정도 초기에는 귀농인 모임을 통해서 도움을 받았다 해도 자립할 정도가 되면 지역민들과의 유대에 더 신경을 써야만 한다.

지역민들 또한 귀농인들이 끼리끼리 모이고 움직이는 것을 좋은 시선으로 보지는 않는다. 귀농인 개인을 위해서나 귀농인 단체를 위해서나 가급적 귀농인 끼리끼리 보다는 지역민들과 한데 어울려 그 간극을 줄여나가는 것이 좋다.

귀농인 끼리의 모임보다 지역 주민들과 함께 하는 소통의 모임이 중요하다.

4) 교육만 열심히

도시에서 잘 나갔던(?) 귀농인일수록 자신감이 넘친다. 뭘 해도 잘 할 것 같다. 농사를 지어도 잘 지을 것 같고 가공사업을 해도 잘 할 수 있을 것 같다. 게다가 공부도 열심이다. 온갖 교육을 다 받으러 다닌다.

문제는 이것이 병이란 것이다. 때론 단순무식하게 밀어붙이는 추진력이 필요할 때도 있다. 신중함이 넘치면 무모함보다도 못하는 경우가 생긴다. 뭐든지 잘 할 것 같은 귀농인은 아무것도 못할 수 있다. '이것도 좋은데, 이것은 이런저런 문제가 있어 좀 그렇고, 저것도 좋은데 저것 역시 이런저런 문제가 있어 좀 그렇네……그러면 다른 것은 어떤가?'이렇게 생각만 하다 마는 경우가 허다하다. 게다가 교육이란 교육은 죄다 받았으니 아는 것은 많고 겉멋은 잔뜩 들었다.

중요한 것은 어느 한 군데에 마음을 내려놓는 일이다. 무엇이 되었건 간에 어떤 작물 하나를 붙들고 승부를 보겠다는 생각이 필요하다. 농산물 가공 사업도 마찬가지다. 단점이 없는 품목은 없다. 어떤 품목은 소비 시장이 크고 회전도 잘 되는데 유통기한이 매우 짧은 경우가 있고 또 어떤 품목은 요즘 인기 상한가를 치는 품목인데 트렌드가 빨리 바뀔 염려가 있다. 일장일단이 모두 있다. 어느 품목이든 하나에 마음을 내려놓고 전력질주하는 마음가짐이 필요하다.

이렇게 재고 저렇게 재고, 이래서 어렵고 저래서 어렵다. 이런 생각만 갖고 있다면 아무것도 할 수 없다. 매일매일을 공부해도 공부한 걸 쏟아부을 곳이 없다.

5) 불의는 못 참아

사실, 농촌이라는 지역사회에는 조금 불합리한 문제들이 참 많다. 도시적 시선에서 따지자면 따질 일들이 한도 끝도 없다. 당장 마을마다 전해지는 '마을법'도 따지자면 모순거리가 있다.

그런데 귀농인 중에는 '이건 옳지 않은 일'이라고 발끈하면서 따지려 드는 사람들이 종종 있다. 그런 일들의 대부분은 그 지역에 사는 공동체 구성원들이 모두 인정하고 수긍한 문제들이다. 그런데도 외지에서 들어와 그 지역의 정서도 잘 모르면서 이것은 아니네, 저것은 틀렸네, 이런 식으로 인정하려 들지 않는다면 누가 좋아할까?

아무도 그 사람의 주장에 동의를 해주지 않는다. 뿐만 아니라 좋지 않은 시선으로 그 귀농인을 판단하게 된다. 사소한 모순덩어리이건 아니면 의롭지 못한 사안이건, 건건이 문제 제기 하는 귀농인, 지역에서는 상당한 부담을 느낀다. 잠자코 있는 게 잘한 것이 아닐 수는 있지만 지역민들이 부담 느껴하는 행동을 하는 것이 과연 현명한 것인지는 헤아려 볼 일이다.

중요하고 큰 사안이 아니라면 남들처럼 생각하면서 어느 정도 관조하는 자세도 농촌에 적응하기 위해선 필요한 생활방식이다.

2. 마을법의 이해

귀농인이 농촌의 특징 중 하나인 '마을법'을 이해한다면 절반은 성공한 셈이다. 도시인의 시선으로선 이해하기 힘든 일들이 마을법으로 존재하기 때문이다. 마을법은 오랜 세월 이어지면서 마을 안에서 마을사람들 스스로 정립을 시킨 마을 자치규약이다. 물론 성문화 되어있지는 않다.

법전이 따로 있는 건 아니지만 마을사람들이라면 누구나 알고 있고 수긍을 하며 수용을 하는 게 마을법이다. 물론 불합리한 내용도 많다. 그리고 사안의 크고 작음을 가리지 않는다. 그래도 마을사람들은 지키려고 노력한다.

사례15 집들이 하나에도 마을법이 있다

바다를 접하고 있어 관광객이 많이 찾는 D마을은 그 일대에서도 꽤 잘 나가는 마을이다. 마을 주민들의 단합이 잘 될 뿐더러 재력도 넉넉하다고 소문이 났다. 동네에 작은 레스토랑을 운영할 목적으로 귀농한 K씨가 D마을에 정착한 것은 마을회관을 방문했을 때 받았던 첫인상 때문이었다.

마을에서 잔치를 할 때, 좀 괜찮다 싶을 정도로 하는 경우엔 요즘에도 으레 돼지를 잡곤 한다. D마을도 예외는 아니었는데 K씨에게 마을 소개를 하던 노인회장이 "우리 마을엔 잡을 돼지가 7마리나 밀려 있어"하며 자랑을 한 것이다.

형편들이 어려워 돼지를 잡지 않고 조촐하게 마을잔치를 여는 곳도 많은데 잡아먹을 돼지가 7마리나 밀려있다는 건 놀라운 일이었다. K씨는 이를 D마을의 단결과 넉넉함으로 보고 바로 땅을 알아본 뒤 매입 하였고 이내 아담한 규모의 작은 레스토랑을 지었다.

문제는 개업식을 겸한 집들이 때였다. 정성으로 음식을 준비하고 마을사람들을 모두 초대하려고 했는데 이장의 말은 K씨 부부를 당황하게 만들었다. D마을에선 집들이 때, 노인회에 돼지 한 마리를 내놓고 음식도 노인회관을 겸하고 있는 마을회관으로 내놓아야 한다는 것이다. 돼지 한 마리 내놓는 거야 돈 봉투 하나로 해결할 수도 있겠지만 음식을 마을회관으로 내 놓아야 한다는 것도 이해하기 힘들었다.

결국 K씨 부부는 고집대로 개업식을 겸한 집들이를 새로 지은 사업장인 레스토랑에서 했다. 그런데 마을주민들이 아무도 나오질 않아 K씨 부부는 큰 충격을 받았고 3년이 지난 지금도 마을주민들과 소통하는데 어려움을 겪고 있다.

마을법은 농촌의 특징과 현실을 오롯이 담고 있다. 농촌과 농업인 현실에 맞춰져 있기 때문에 비농업 종사자나 도시인들에겐 손해 보는 일도 있을 것이다. 그러나, 오랜 시간 쌓여진 공동체 관습이다 보니 불만을 토로하는 이들이 없다.

그렇다면, 어떻게 이 생소한 마을법을 지키면서 마을 속으로 흡수될 수 있을까? 우선 대소사를 마을 대표인 이장과 의논하면 좋다. 집들이를 하고 싶은데 어떻게 하면 좋을지, 특정 마을 주민과 불편한 점이 있는데 이를 어찌 해결하면 좋을지, 얼굴도 이름도 모르는 동네 사람의 장례식에는 어찌 처신해야 하는지, 바쁜 일로 이번 달 마을 대청소 울력에는 참석하기 힘들 것 같은데 어찌하면 좋을지 등……

정답이라는 게 상대적인 것이어서 이장이 모든 정답을 다 알려줄 수 있는 건 아니다. 하지만 평생에 걸쳐 쌓아온 지혜는 빌릴 수 있다.

꼭 이장이 아니어도 좋다. 노인회장이나 옆집의 지혜로운 어른도 좋고 가까이 지내는 동네 이웃도 좋다. 지혜를 구하는 사람은 지혜를 얻어서 좋고 지혜를 빌려주는 사람은 스스로의 가치를 인정받아서 기쁘고 좋다.

간혹 귀농인 중에는 시골의 이런 모순되고 불합리한 것들에 대해 문제 제기를 하면서 하루빨리 이를 고치고 주민들도 변해야 한다고 주장하는 사람들이 있다. 그렇지만 이런 모순과 불합리함도 하나의 농촌문화다. 문화는 쉽게 바뀌는 것이 아니다. 뜻을 함께 하는 사람들이 많아지고 그 뜻이 한 방향으로 흘러준다면 문화는 절로 변하기 마련이다. 농촌계몽운동 시대의 주인공인양 튀는 언행으로 지역사회에 주목을 받는다면 지역에 흡수되어 안착하기로 한 소기의 목작을 달성할 수 있을지 스스로 자문해 볼 일이다.

마을사람들의 교류장소인 모정과 마을숲

3. 이웃 사귀기

처음 이사를 하면 어떻게 이웃을 사귀어야 할까 참 고민스럽다. 농한기가 아니면 아침 일찍 일하러 나가는 주민들과 눈 마주치기도 쉽지 않다. 소재지나 읍내에서 동네 사람들을 만나게 되면 동네사람들은 귀농인을 단번에 알아보지만 귀농인들은 동네에 사는 어른들인지 일일이 알아보지 못하는 경우가 있어 실수하기 쉽다.

"이번에 새로 이사 온 마을 끄트머리 귀농인. 거 참. 인사성 없대. 소재지 농협에서 만났는데 아는 척도 안하더라고!"

참 억울하다. 더군다나 직접 대면하며 이런 소릴 듣는 게 아니라 마을 사람들 입을 통해서, 돌고 돌아 듣게 되니 더 속상하다.

일단 처음 이사를 했으면 마을주민들을 최대한 자주 만나는 게 좋다. 일부러라도 마을 산책을 다니면서 어른들과 눈을 마주치고 마을회관에 자주 들러서 이야기 좀 나누면 도움이 된다. 물론 공식적인 마을 회의,

마을 울력 등에는 빠지지 않는 게 좋다. 시간이 허락한다면 품앗이 개념을 떠나 마을사람들의 밭일을 도와주는 것도 좋다. 일도 배우면서 친목의 물꼬를 틀 수 있다. 순수한 마음에서 도와줬지만 나중에 내 집에 일이 있을 때 그 주민이 와서 나를 도와줄 수 있다. 농촌 사람들은 품앗이 습관이 몸에 배어있기 때문이다.

집 주위에 농지가 있어 자주 논밭 일을 하러 나오는 주민이 있다면 수고한다며 가끔 커피를 타준다거나 읍내나 소재지에서 마을 들어올 때 동네사람이 보이면 차를 태워준다거나 등의 작은 일들은 노력에 비해 효과가 크다.

"아, 그 마을 끄트머리 양반. 참 좋드만. 착하고. 우리 동네에 참 잘 왔어!"

고맙게도 만나는 동네 사람들마다 칭찬을 아끼지 않으니 입소문 제대로다.

농한기인 겨울은 주민들과 친해지기 좋은 절호의 기회다. 겨울이 되면 노인들이 마을회관에서 공동생활하는 마을들이 많다. 회관에서 함께 놀고 함께 밥도 해 먹는다. 한 자리에서 눈도장 찍기 이만한 자리가 또 어디 있을까!

주민들 곁으로 한 발자국 더 깊숙이 들어가는 데에는 밥을 함께 먹는 것만큼 효과 좋은 것도 없다. 같이 식사 하자며 초대를 해도 좋고 주민들 집에 가서 식사를 함께 해도 좋다. 있는 그대로 숟가락 하나 더 놓는 정도가 되어야지 크게 준비를 하면 초대받는 이도, 초대하는 이도 부담된다. 있는 그대로의 모습에서 함께 나누는 정이 농촌의 정서고 문화다.

마을주민도 많이 사귀어야 하겠지만 면 단위 또는 군 단위로도 사람을 사귀어야 할 기회가 많다. 특히나 사회활동을 하게 되면 많은 사람들을 사귀게 된다. 처음 귀농하였으니 이런 저런 단체 가입을 통해서 인맥을 만드는 것도 좋은 방법이다.

면 단위만 봐도 청년회, 체육회, 방범대, 소방대 등 다양한 단체의 모임이 있다. 대부분은 시나 군 단위 조직의 하부 조직으로 면 단위 조직이 결성되어 있다. 여성들도 여러 가지 모임이 있다. 생활개선회와 같은 단체는 지자체마다 결성되어 있다. 농협에서도 '농가주부모임'과 같은 모임이 조직되어 있다. 농촌에서 농협은 농민들과 뗄 수 없는 밀접한 관계다.

순수한 친목 모임도 있다. 끼리끼리 친구들끼리 여러 가지 모임도 있고 친목계도 있다. 귀농인이 노크하기 좋은 모임은 동갑내기들 끼리 모여 만든 '갑계'다. 어느 지역이나 갑계는 결성되어 있으니 누군가에게 주선을 부탁하여 가입하면 마을을 벗어나 많은 사람들을 사귈 수 있다. 어느 정도 마을 사람들을 사귀게 되면 친목계를 만드는데 들어올 생각이 없느냐는 제안도 들어오곤 한다.

군 단위 모임은 여러 경로를 통해서 움직인다. 귀농인에겐 농업관련 모임이나 교육 관련 모임이 추천할 만하다. 행정기관에선 지역마다 차이는 있지만 주로 그 지역의 농업기술센터가 농업인 교육을 많이 담당하고 농관련 단체를 관리한다. 자기발전에 도움이 되고 친교를 넓힐 수 있는 단체나 모임이 있으면 적극적으로 활동해볼만 하다.

농촌에서 가장 흔한 호칭은 '회장님'이다. 행정기관에서도 민원인들의 직함을 잘 모르면 예의상 '회장님'이라고 부를 정도로 흔한 호칭이다. 그만큼 각종 모임이 많다는 뜻이다. 도시에선 한때 '사장님' 호칭이 유행한 적이 있었는데 따지고 보니 도시보다 농촌이 한 단계 직급이 높은 셈이다. 모임을 많이 하는 것이 항상 좋은 것만은 아니다. 감당할 수 있는, 꼭 필요한 모임만 하는 게 중요하다.

한여름, 더위에 지친 마을 어른들을 위해 팥빙수 봉사활동을 펼치는 귀농인들

1) 도시에서의 영화는 잊어라

귀농인들의 면면을 살펴보면 모두 대단한 프로필을 자랑한다. 잘 나가는 사업체 대표, 대기업 간부, 공무원, 예술가 등…… 나이 지긋한 귀농인일수록 과거는 화려하고 멋지다.

과거에 제 아무리 잘 나갔던 몸이라 할지라도 귀농하면 신분이 모두 똑같아 진다. 농업인인 것이다. 농업인은 더 잘난 사람도 없고 더 못난 사람도 없다. 그럼에도 일부 귀농인들은 왕년의 추억을 생각하며 '내가 이래 봬도 ○○○였는데'하는 생각을 갖고 있다. 농촌에 왔으면 도시에서의 영화는 잊어야 한다. 화려했던 도시의 영화, 도시의 신분을 잊지 못하면 농촌생활이 힘들어진다. 남들이 인정해주지 않기 때문이다.

지역민들은 잘난 척 하는 귀농인을 아주 싫어한다. "잘 났으면 얼마나 잘났나, 그렇게 잘났으면 도시서 살지!"하는 식의 소리를 많이 듣게 된다. '벼는 익을수록 고개를 숙인다'는 말도 농촌에서 나온 말이다. 농촌에서 필요한 것은 '잘난 척'이 아니라 제 자신을 낮추는 '하심(下心)'의 자세다. 지역민들은 누군가가 자신이 알고 있는 것을 질문해 주는 것, 도움을 요청해 오는 것을 무척 반긴다. 때로는 알아도 모른 척 물어보는 능청도 필요하다.

도시에서 몰고 온 자동차도 바꿔야 한다. 귀농하기 전에 고급 승용차, 외제 승용차를 몰았다면 귀농해서는 눈에 튀지 않는 평범한 차로 바꿔 타는 게 좋다. 농촌에서는 고급승용차가 전혀 필요 없다. 오히려 농로를 주행하다보면 삐져나온 나뭇가지에 긁힐 일도 많고 먼지도 많이 묻는 등 격에 맞는 차량 관리가 쉽지 않다. 농촌에서 가장 필요한 차는 화물차다. 특히 1톤 트럭이 유용하다. 작업을 위한 자재나 도구를 실어 나르기 좋고 급할 땐 불법이긴 하지만 일꾼들도 여러 명 태울 수 있다. 정부에서도 트럭(1000cc미만 경형화물차와 1t 이하 소형화물차에 한함, 밴형 화물자동차 및 지붕 덮개의 탈부착이 가능한 화물차는 제외)까지는 농기계로 인정을 해주어 면세유 혜택을 준다. 비록 원하는 만큼 구입할 수 있는 건 아니지만 면세유는 기름값이 싸서 농업 현장의 차량 운행에 도움이 된다.

2) 만나는 사람들마다 먼저 인사하기

농촌 지역사회에 잘 적응하는 두 가지 포인트는 잘난 척 하지 않는 하심(下心)의 마음과 더불어 '인사하기'다.

만나는 사람마다 항상 웃는 얼굴로 인사를 하면 상대방이 호감을 가질 수밖에 없다. 웃는 얼굴에 침 뱉을 순 없다. 간혹 마을에서 실수하거나 잘못한 일이 생겨도 웃으면서 친근하게 다가가면 너그러이 보듬어주는 곳이 농촌이다.

인사를 잘 못하면 대뜸 "그 귀농인은 못 쓰겠더라고. 사람이 인사가 없어!" 식의 말이 나온다. 말이 나오는 것 뿐 아니라 금세 온 마을에 소문이 돈다. 항상 웃는 얼굴에 만나는 사람마다 인사하기, 투자 대비 가장 효과가 뛰어난 인심 얻기의 왕도다.

3) 가족같이 형제같이

모든 동물들이 그렇듯 인간도 어느 정도 서열을 정하고 그 서열 안에서 질서를 지키며 생활하려는 본능이 있다.

냉엄한 비즈니스 세상, 다양한 형태를 띤 힘의 질서가 좌우하는 도시에서는 그런 경향이 덜 하지만 농촌에 내려오면 서열 따지기가 엄격해진다. 오랜 시간 혈연·지연·학연을 바탕으로 한 서열문화가 지탱해 온 공동체 사회이다 보니 그 사회에 편입하는 행위 자체도 실상은 서열 속으로 편입되는 형태가 되는 것이다.

지역 토박이하고 어쩌다 인사를 나눌 기회가 있다고 하자. 어떤 초보 귀농인은 자신의 정체성을 자세하게 담은 명함을 가지고 다니기도 하는데 지역 주민들은 명함을 가지고 다니는 일이 좀처럼 없다. 어느 정도 사회생활을 하고 단체장 활동을 하는 사람도 마찬가지다. 첫 인사가 오고가면 으레 나이를 밝히곤 한다. 그러면서 바로 형, 아우 서열 정리가 끝나는 곳이 농촌의 친교 문화다. 어디 형과 아우만 있을까. 형이 있으면 형부도 있다. 예를 들면 친하게 지내는 동네 언니의 남편은 자연스레 형부라 부르게 되는 것이다. 성격상 이런 호칭이 쉽게 나오지 않는 사람들도 있는데 호칭문제가 해결되면 동네 사람들과 사귀는데 훨씬 수월하다.

4) 면민의 날, 군민 체육대회 등의 행사를 잘 활용하자

면민의 날이나 군 체육대회 등 각종 행사가 면이나 군 단위로 일 년에도 몇 번씩 있다. 이때는 마을 주민들이 일손을 잠시 멈추고 대거 참석한다. 체육대회 행사라고 하여 체육대회만 하는 건 아니다. 한쪽에서는 마을마다 맛있는 음식을 준비하여 작은 잔치를 펼친다. 주민들이 모이는 자리엔 으레 먹고 마시고 놀게끔 되어 있다. 동네사람들을 한 자리에서 만날 수 있으며 편하게 술잔도 기울일 수 있으니 이때를 잘 활용하면 좋다.

또 이런 날에는 군수를 비롯하여 군청의 각 부서 실과장들도 얼굴을 많이 내밀고 군의원이나 도의원 그리고 군의원이나 도의원을 꿈꾸는 풀뿌리정치 지망생들도 얼굴 알리러 다니느라 분주하다. 사교의 장인 셈이다.

형편이 된다면 음식 장만하느라 애쓴 마을이나 면단위 조직위원회를 위하여 작은 성금 봉투라도 내밀어 보자. 주위에서 바라보는 시선이 달라진다.

면민 체육대회 모습, 이웃을 사귈 수 있는 좋은 기회이다.

4. 귀머거리 3년, 벙어리 3년?

귀농을 하게 되면 지역 공동체 구성원으로서 여러 가지 회의 자리에 참석하게 된다. 회의란 것이 여러 사람들의 의견을 듣기 위한 자리다. 생각이 다른 사람들이 모여서 서로의 의견을 나눈 뒤에 하나의 결론을 내기도 한다.

마을회의가 대표적이다. 마을회의에 임하는 귀농인의 자세는 어떠하면 좋을까? '귀머거리 3년, 벙어리 3년'이라는 옛날 시집살이 교훈을 되새겨볼 필요가 있다. 마을 어른들이 모이고 (사실, 농촌엔 대부분이 마을 어른들이다) 마을 리더들이 모인 자리에서 자신의 의견을 적극적으로 피력하고 대중을 설득시키는 것은 회의의 기본적 기능에 충실히 임하는 당연한 자세다. 그렇게 적극적으로 발언했을 때, 마을 주민들은 도시민들이 그랬던 것처럼 그렇게 긍정적으로 바라볼까? '새로 이사 온 귀농인이 참 똑똑하구먼!'이리 생각하는 사람도 있을지 모르겠지만 대부분의 마을주민들은 그리 생각하지 않는다.

기본적으로 도시민의 정서와 농촌의 정서는 다르다는 생각을 먼저 해야 한다. 외지에서 들어와 사는 사람이 눈에 띄게 잘난 척(?)하는 것에 대해 의외로 거부감을 갖는 사람들이 있다. 앞에서는 끄덕끄덕 하지만 뒤에선 "뭘 안다고 나서는 것이야!"하고 비판할 수도 있다. '모난 돌이 정 맞는다'라는 말이 있다. 튀는 행동으로 토착민들의 눈밖에 날 필요는 없다는 이야기다.

그렇다면 어떻게 처신할 것인가? 조금 과할지 몰라도 1년간은 가만히 경청하는 것이 좋다. 가만히 있는다고 해서 "자넨, 왜 아무 말 않고 가만히 있는가?"하고 시비 거는 사람들은 없다. 어느 정도 그런 과정을 거치면 "자네도 한 마디 해보소!"하고 의견을 묻는 사람이 나설 수 있다. 그러면 어찌할까? 얼씨구나 하고 그동안 쌓인 말을 모두 풀어야 할까? 아니다. "제가 뭘 아나요. 여러 어르신들 의견을 따르도록 하겠습니다." 정도로 참는 것이 좋다. 그러면 마을 어른들은 "저 친구가 참 겸손하구만! 사람이 참 좋네"하며 높은 점수를 매길 것이다. 참으로 엉뚱하지만 현실이다. 가만있는 것과 겸손한 것은 사실 아무 상관이 없는데 마을사람들은 그리 인정을 해준다. 마을 주민들에게 좋은 인상을 남기면 나중엔 얼마든지 자신의 의견을 피력할 기회가 많이 찾아온다. 더 나아가 연수가 쌓이면 이장과 같이 마을 리더로 나설 수도 있다.

마을 회의뿐만 아니라 면 단위 모임과 각종 단체에서도 별반 다르지 않다. 지역민들은 목소리가 강한 귀농인, 말이 많은 귀농인을 결코 좋아하지 않는다. 지역이 좁다 보니 누구누구는 말이 많다, 누구누구는 워낙 잘난 척 한다. 누구누구는 지역민들을 무시한다. 식의 소문이 금세 돌기 마련이다. 특별히 전문적인 내용을 다루는 자리나 적극적으로 의견을 개진해야할 자리가 아니라면 조용히 경청하는 것이 지혜일 수 있다.

사례16 말은 하는 것 보다 듣는 것이 더 중요

A씨는 귀농한지 4년 정도 되었는데 지역에서 여러 가지 활동을 많이 하고 있는 나름 인지도를 얻고 있는 귀농인이다. 그러다 보니 살고 있는 면(面)의 주민자치위원으로도 위촉되어 활동하게 되었다.

군(郡)에서 각종 회의를 할 때는 적절하게 자신의 의견을 내놓기도 하지만 오히려 면 주민자치회의에서는 묵묵히 경청만 하고 있다. 1년 동안 별다른 발언하지 않고 이런저런 이야기를 듣기만 하였으니 보기에 따라선 자리만 차지한 셈이 되었다.

2년째 들어서, 어느 정도 면 돌아가는 사정을 알고 나서는 조금씩 의견을 피력하곤 하였다. 말할 때에도 항상 조심스럽게, 겸손함을 잃지 않으려 노력하였다.

사석에서 어느 귀농인이 왜 별 말이 없느냐고 물으니 A 씨가 대답한다.

"다들 여기서 태어나고 자란 사람들이라 면 돌아가는 사정을 다아니 내가 끼어들 자리가 없네요."

맞는 말이기도 하지만 적극적인 발언 한마디가 자칫 잘난 척 하는 걸로 오해받을 수 있기 때문에 나름 처신의 묘를 살리는 것이다.

주위를 둘러보면, 목소리가 크다는 사실만으로도 '목소리가 큰 사람'이라고 입방아에 오르는 경우가 있다. 도시 사람들은 쉽게 이해할 수 없는 답답한 부분이지만 엄연히 농촌의 정서가 그러니 어찌하랴. 로마법을 따르고 마을법대로 살아야지.

5. 갈등 없는 곳은 없다지만

사회적 동물인 인간은 끊임없이 사회적 관계를 맺고 살아야 한다. 사회적 관계가 항상 좋은 일만 있는 건 아니다. 때론 갈등이 생기기도 한다. 갈등 없는 곳은 없다. 갈등만 놓고 보면 오히려 도시가 더 자유롭다.

도시는 철저한 개인주의 사고를 바탕으로 합리적인 규범 안에서 생활하기 때문에 남에게 피해를 끼치지 않는 한 이웃과 갈등을 일으킬 일이 거의 없다. 설사 갈등이 생긴다고 하여도 여러 가지 규범 범위 안에서 합리적인 해결이 가능하다. 하지만 농촌은 다르다. 합리적, 개인주의적 사고보다는 보수적 공동체 사고가 때론 더 우선시 되고, 전통적인 관행이 '마을법'이라는 이름으로 통용되고 있다. 그래서 농촌의 갈등은 법으로도 해결이 안 된다. 법대로만 했다가 마을에서 쫓겨나는 이유가 여기에 있다. 농촌 특유의 지역 정서도 무시할 수 없다.

농촌에서의 갈등 사례를 보면 크게 두 가지다. 하나는 이해관계의 대립이다. 이해관계의 대립은 어느 곳에서나 발생한다. 예기치 않은 곳에서도 나온다. 농사를 짓는 데 있어서, 집을 짓는 데 있어서, 하다못해 개를 키우면서도 이해관계가 대립하여 갈등을 겪기도 한다. 또 다른 하나는 특별한 이유가 없는 시기와 질투다. 이해관계의 대립으로 인한 갈등은 풀기도 쉽지만 시기와 질투는 매우 복잡한 문제이기도 하다. 이웃이 잘 나가든 못 나가든 관심이 없는 도시에선 있을 수 없는 일이 좁은 지역사회인 농촌에서는 일어나고 있는 것이다. '사촌이 땅을 사면 배가 아프다'라는 말은 결국 농촌에서 나온 말이다. 이웃이 잘 나가는 이유 하나만으로 그를 시기하고 질투하는 사람들이 있는 곳이 바로 농촌이기도 하다.

사례17 마을 리더는 참 힘들어

진씨가 이장으로 있는 마을은 농촌관광사업을 할 수 있도록 정부에서 2억 원의 금액을 지원받았다. 그 돈으로 체험관도 짓고 여러 가지 프로그램을 만들어 도시민을 유치할 계획이었다.

진씨는 펜션을 겸한 체험관을 짓기 위해 외부업체를 선정하여 공사를 맡겼다. 그런데 마을에 사는 오씨가 이장 진씨에게 문제를 제기했다. 오씨도 건설업을 하고 있는데 마을 사람을 배제하고 외부에 공사를 맡겼다는 것이다. 진씨가 오씨를 생각 안 해본 건 아니지만 이장으로서 객관적 판단을 해보니 오씨보다는 외부업체가 공사를 맡는 게 좋을 것 같아서 외부업체에 일을 맡긴 것이다. 한마디로 오씨가 믿음직스럽지 못했던 것이다.

이에 앙심을 품은 오씨는 진씨를 고발하였다. 마을사업을 추진하는 과정에서 컨설팅업체와 짜고 공금을 횡령하였으며 마을 앞산에 불법으로 길을 내서 팔각정을 세웠고 공금의 운영 관리가 투명하지 못하다는 내용이다. 또한 그 과정에서 이장이 여러 가지 비리가 있음을 내세워 연로한 노인회장을 설득하여 같은 편에서 이장에 대항하도록 만들었다.

관련자 조사와 기나 긴 법정 판결을 통해서 이장 진씨는 무혐의 처분을 받았다. 그러나 마을 일을 추진하는 과정에서 융통성을 발휘했던 공무원 두 명이 징계를 받았다. 진씨는 몸과 마음에 큰 상처를 입어 건강이 극도로 악화되었고 마을사업은 중지되어 완공된 펜션은 자물쇠가 굳게 채워졌다. 무엇보다 큰 상처는 마을이 두 쪽으로 갈라졌다는 것이다. 많은 사람들이 이장 진씨를 믿고 있지만 오씨와 노인회장 편을 드는 사람도 있었기 때문이다.

우후죽순 들어서는 마을개발 사업은 여러 가지 후유증을 남길 수도 있는데 마을 갈등이 그 첫 번째 부작용이다. 마을에 거액의 보조금이 들어오다 보니 이를 둘러싼 이해관계 충돌로 인해 갈등이 생기는 것이다. 마을사업으로 인한 갈등은 지도자와 지도자 간의 갈등, 지도자와 마을주민 간의 갈등, 마을주민 끼리의 갈등 등 형태도 다양하다. 그래서 요즘은 마을개발 사업의 이런 부작용을 최소화하기 위하여 마을공동체로서의 기능을 강화하고 소프트웨어 위주의 사업을 많이 추진하는 등 정부에서도 노력을 하고 있다.

특히 귀농한 지 얼마 되지 않은 사람이라면 마을사업 추진 시 위원장과 같은 직무를 맡아 달라 제안이 들어와도 신중하게 고민할 필요가 있다. 돈이 관여된 일이다 보니 마을 일 보기가 이장보다 더 어렵다. 주민들의 협조를 구하는 것도 만만찮은 일이고 여러 가지 이해관계를 통해 갈등구도에 휩싸이기 쉽다.

더 중요한 것은 보조금 지원이라고 덥석 받을 것이 아니라 마을주민들이 힘을 합하여 마을 사업을 추진할 능력이 되는지 스스로 판단해 보고 마을사업을 추진하여야 한다. 단지 돈만 들어오는 게 아니라 여러 가지 책임과 의무가 따르고 마을사업에 대한 부작용까지 있을 수 있다는 점에서 마을주민들은 긴 안목에서 사업 추진여부를 결정해야 한다.

사례18 바른 말도 독이 되는 경우

정씨는 귀농한지 3년이 되었는데 활달하고 사교적이어서 이웃을 금세 사귀었다. 단점이라면 하고 싶은 말을 참는 법이 없었다. 특히, 자신의 이익이 침해되는 일이라면 목소리 높이며 따지는 스타일이었다.

정씨는 특히 이장에게 불만이 많았는데 행정기관에서 나오는 여러 가지 정보를 독점하면서 자신에게는 혜택을 주지 않는다고 생각하였기 때문이다. 해가 바뀌고 마을의 이장도 새로운 사람으로 바뀌었지만 이장에 대한 정씨의 불만은 바뀌지 않았고 오히려 더 심해졌다. 한번은 마을사람들과 식사를 하는 과정에서 이장과 언성이 높아졌다. 결국 '이장질 똑바로 하라'는 소리를 내뱉으며 자리를 박차고 일어서고 말았다. 마을사람들은 업무 처리가 미숙한 신임 이장 탓을 주로 많이 하였지만 매사 비판적인 정씨 또한 경계를 하게 되었다.

갈등은 조속한 해결이 최우선책이다. 고착화되면 풀기가 어렵다. 원인을 찾아내어 서로 대화로 푸는 것이 좋다. 노력하면 오해도 풀 수가 있다. 필요하면 이웃의 도움을 얻는 것도 좋은 방법이다. 갈등에서 풀어진 사이라면 이전보다 더 끈끈한 정말 친한 이웃이 되기도 한다.

이웃과 다툼으로 인해 서로 원수처럼 지낸다 하더라도 남들 앞에서 그 이웃의 흉을 보거나 나쁜 점을 이야기하는 것은 좋지 않다. 화해하여 다시 친하게 지낼 때를 위한 최소한의 예의다. 태어나서 함께 자라고 늙어가는 지역의 토착민들도 싸우고 화해하기를 반복한다.

이유도 없이 괜스레 싫어하는 인간관계도 있다. 시기와 질투도 마찬가지다. 농촌에서는 '민원 넣는다'라는 말이 하나의 유행어가 될 정도로 빈번하다. '민원'은 내가 피해를 입을 경우에 넣는 경우가 대부분이지만 때로는 남 잘되는 것을 두고 보지 못해 넣기도 한다. 근거 없는 시비, 시기와 질투로 인한 훼방 등은 일차적으로 서로 이해를 통해서 풀려고 하는 노력이 있어야만 한다. 화해하기가 어려운, 최악의 상황도 있다. 이럴 땐 대응을 안 하는 것도 하나의 방법이다. 서로 맞대응을 하다보면 싸움은 확전이 된다. 서로에게 소모적인 싸움이다. 상대가 제풀에 꺾이도록 내버려두는 것이 최상의 대책이 될 수도 있다.

참고로, '적'은 사회활동을 많이 하면 할수록 늘게 마련이다. 정치인에게 적이 많은 것도 그러한 이유다. 사회적 관계망에 얽혀 있는 인간으로서 적을 안 만들 수는 없다. 적을 만들지 않으려면 자연과 벗하며 또는 농사에 전념하며 조용히 사는 것도 하나의 방법이다.

갈등 없이 이웃과 원만하게 지내고 싶은 마음은 귀농인들의 한결같은 바람일 것이다. 미국의 유명한 공상과학 소설가인 로이스 맥마스터 부욜(Lois McMaster Bujold)의 한 마디는 우리에게 큰 교훈을 준다.

"당신이 사람들을 좋아한다는 점을 분명히 한다면, 그들도 당신을 좋아하지 않고는 못 베길 것이다.(If you make it plain you like people, it's hard for them to resist liking you back.)"

이웃과 함께 품앗이 농사

6. 농업인 단체와 지역 커뮤니티의 활용

　농촌에도 다양한 커뮤니티와 단체들이 활동하고 있다. 농업관련단체는 대체로 역사도 오래되고 대외적인 인지도가 있으며 전국적인 네트워크를 가지고 있는 경우가 대부분이다. 또한 귀농인들이나 지역의 오피니언 리더들이 중심이 되어 만든 소규모 모임도 많이 있다. 문화예술활동을 목적으로 한 모임도 있고 정치적 성향을 띈 모임도 있으며 사회참여 성격이 짙은 시민단체도 있다. 뜻이 맞고 지향점이 같은 사람들끼리 교류한다는 것은 분명 의미있고 재미있는 일이다.

　지역 커뮤니티나 단체 활동은 삶의 가치를 높여준다는 데에서 권할 만하다. 또한 많은 사람들과 교류하면서 관심분야에 대한 활동의 폭을 넓힐 수 있다는 매력이 있다. 귀농인 같은 경우는 안정적인 정착에 도움이 되기도 한다. 물론, 그런 모임을 통해서 만난 사람들로부터 크고 작은 도움도 주고받을 수 있다.

농업관련단체는 그 수가 많은 편인데 활동하는 회원들을 보면 겹치는 경우가 많다. 취약한 회원 구성 때문인데 인구가 줄고 있는 농촌의 현실을 감안하면 어찌할 수 없는 일이고 그래서 안타깝다. 농업관련단체 중에서 유일하게 회원이 늘고 있고 영향력도 커져가는 단체가 바로 귀농귀촌인 관련 단체다. 귀농귀촌인은 계속하여 늘기 때문인데 서로 등 기댈 곳이 필요하고 정보에 대한 갈망이 커서 단체에 대한 충성도도 높은 편이다.

* 전국농민회총연맹(농민회, 전농)

전국농민회총연맹이 정식 명칭이다. 농민의 권익보호와 자주적 경제건설을 목적으로 1990년 100여개의 농민단체들이 연합하여 설립한 우리나라 대표적 농민단체이다. 9개 도연맹에 100개의 시군지회가 결성되어 있다. 우루과이라운드 협상 저지운동, 세계무역기구(WTO) 비준반대운동 등을 벌였으며 농민의 권익 향상을 위하여 많은 활동을 펼치고 있다.

* 한국농업경영인중앙연합회(한농연)

농업의 새로운 가치창조와 농정개혁운동의 선도적 역할을 수행하며 농업인의 권익향상을 위한 대변자로서의 역할을 목적으로 하고 있다. 통일대비, 식량안보 및 남북농업교류 활성화에도 많은 관심을 가지고 있다. 17개 시도 연합회와 167개 시군구연합회를 비롯하여 읍면 단위까지 촘촘하게 조직이 결성되어 있다.

* 농촌지도자회

농민학습단체로 시작하여 1970년에 창립된 전국농촌자원지도자중 앙회를 모태로 하고 있다. 선진 농촌건설의 선도적 역할과 과학영농으로 농가소득 증대, 농민 권익보호와 권리 증진, 농촌 청소년 및 영농후계 자 육성 및 지원을 주 목적으로 하고 있다.

* 생활개선회

농가 생활의 질 향상을 위한 농촌 생활개선 사업을 선도적으로 실천 하고 지속적인 농촌발전과 농촌여성의 지위향상을 목적으로 설립된 농 촌여성단체이다. 1994년에 시군의 농업기술센터 상급 기관인 농촌진흥 청 산하 사단법인체로 설립되었다.

* 4-H회

1914년 농업구조와 농촌의 생활을 개선하기 위해 미국에서 처음 조 직되었으며 우리나라는 해방 이후인 1947년에 도입되었다. 4H는 두뇌 (head) · 마음(heart) · 손(hand) · 건강(health)의 이념을 뜻하는데 우 리나라에서는 지(智) · 덕(德) · 노(勞) · 체(體)로 번역되었다. 원래는 청 소년단체이지만 오늘날 농촌에서는 농업인단체의 하나로 농업과 환경, 생명의 가치를 창출하고 우리 농업과 농촌사회를 이끌어갈 전문농업인 으로서의 자질을 배양하는 데 목적을 두고 활동하고 있다.

그 밖에 다음과 같은 농업인단체들이 지역별로 활동하고 있다.

* 쌀전업농협회　　　　　* 여성농민회

* 전국새농민회　　　　　* 한국유기농업협회

* 귀농귀촌협회　　　　　* 수산업경영인회

* 농가주부모임(농협 조직)　* 농(어)업회의소(일부 시군에 결성)

* (품목별)농업인연구회

지역마다 다양한 농업관련단체가 있다.

1. 쉬우면서도 어려운 농사

생계형 귀농이 많았던 예전에는 농업을 목적으로 한 귀농이 대부분이었다. 근래 들어 귀농의 목적이 다양해지면서 농사를 짓지 않으려는 사람들도 많이 늘었다. 그러나 농업을 주업으로 하든 부업으로 하든 취미로 하든 간에 농촌에서는 흙을 벗하며 살 수밖에 없다. 하다못해 손바닥만 한 텃밭에도 고추나 상추 정도는 심고 가꾸는 것이 농촌의 모습이다.

농지의 규모가 크든 작든, 귀농인들이 가장 어려워하는 부분은 친환경농사에 대한 부담감이다. 대부분의 초보 귀농인들이 제초제를 사용하지 않고 농사를 지으려 하기 때문이다.

농사는 풀과의 싸움이라고 다들 말한다. 사실 작물을 키우는데 있어서 잡초 관리 외에도 기상 조건, 물 관리, 인력관리 등 다양한 변수가 많지만 잡초 문제가 농민들을 가장 힘들게 하기 때문일 것이다. 실제로 귀농인들이 시행착오를 가장 많이 겪고 있는 부분이 바로 제초문제이다. 결론부터 말하자면 관행농법을 너무 무시하지 말라는 것이다.

　친환경 또는 유기농으로 농사를 짓고 싶은 마음이야 누구나 있다. 특히, 생산 이력이 불분명한 온갖 농산물을 구입해서 먹어야만 했던 도시인에게 귀농은 내 손으로 건강한 농산물을 생산해 먹을 수 있는 좋은 기회다. 그러니 약 한 방울 안 치고 정말 믿을만한 나만의 채소와 과일을 수확해 먹고 싶을 것이다. 그러나 몸과 마음은 따로따로, 농약을 하지 않는 대신 그 만큼 수고를 더해야 하니 직접 풀을 뽑고 벌레를 잡아야 한다. 아니면 직접 친환경 농약을 만들어서 이를 활용하여 풀이나 벌레를 잡아야 한다. 그러나 이는 쉬운 일이 아니다.

　잡초 무성한 밭을 보면 동네 사람들은 어김없이 한 마디씩 한다.

　"풀약 혀~"

　이 때 다른 제초 대책이 없으면 마을사람들 훈수대로 풀약을 해야 하는데 '내가 먹을 것인데 어떻게 농약을 치느냐'며 무농약을 고집하면 참으로 힘든 싸움이 된다. 싸움에서 승리하면 다행이지만 패배하면 결국 돌아오는 건 무성한 풀밭이다. 어떤 귀농인들은 풀을 메다 지쳐 결국 농사를 절반쯤 포기하기도 한다. 그러면 결국 풀이 더 왕성하게 자라 밭은 풀 천지가 된다. 이쯤 되면 옆에서 농사짓는 마을사람이 인상을 쓰며 쫓아오기 마련이다. 그쪽 밭은 풀이 없는데 귀농인의 밭에서 풀씨가 날아와 풀이 자랄 수 있다는 항의가 뒤따르니 그깟 잡초 때문에 동네 인심까지 잃기 십상이다.

　상황이 이러니 처음부터 능력 밖의 무농약을 고집하면 농사를 어렵게 여기기 쉽다. 그래서 초보농군들은 동네사람들 하듯이 그대로 따라서 해보는 것도 좋은 출발법이다. 씨 뿌릴 때 씨 뿌리고 농약 칠 때 농약 치고 수확할 때 수확하면 농사가 정말 쉽다. 요즘 농약은 성능이 좋아져 독성도 약하고 금방 씻겨 나가서 인체에 무해한 경우도 많다.

　　이렇게 관행농법으로 농사를 시작하다 어느 정도 농사의 원리도 알고 요령도 생기게 되면 그때 유기농법과 같은 친환경 농업에 도전하는 것이 좋다. 모든 것이 순서가 있다. 차근차근, 도전하는 것이 좋다. 잡초 무성한 것이 결코 친환경은 아니다.

땅콩 밭 풀매기

1) 틈새작물을 찾아서

어느 지자체는 귀농하여 처음 도전하는 작물로 고추를 많이 추천한다. 고추는 약을 많이 쓰는 작물 중 하나이지만 환금성이 뛰어나다. 고추나 고춧가루를 쓰지 않는 집이 없어서 쉽게 돈과 바꿀 수 있으니 현금회전이 중요한 귀농 초기에는 아주 유용한 작물이다. 생활비도 필요하고 여기저기 쓸 돈도 많은 귀농 초기에 3년 이상씩 재배해야 열매를 수확하여 판매에 도전할 수 있는 과일나무에만 매달릴 수는 없지 않은가.

귀농인들이 잡초관리 만큼이나 심리적 압박감을 가지고 있는 것이 품목의 선택이다. 마을 사람들이 흔하게 심는 작물은 내키지가 않고 뭔가 고소득의 작물을 심어서 보란 듯이 성공하고 싶다는 생각을 가지고 있는 것이다. 품목에 대한 확신이 서지 않았을 땐 고추와 같이 현금 회전이 빠른 밭작물을 일부 하거나 그 지역의 특산물을 따라서 해보는 것도 좋다. 그 지역의 특산물은 지자체에서 지원을 많이 해주고 재배기술이 발달하였으며 마을 사람들도 많이 재배하기 때문에 도움을 받기가 쉽다. 물론 소비자들에게 유리한 인지도를 얻고 있고 유통채널도 다양하다는 등 유통에서도 여러모로 유리하다. 부안군의 오디, 의성군의 마늘, 청양군의 구기자, 고창군의 복분자 등등 지자체마다 특산물 한둘씩은 다 가지고 있다. 그러다가 농사가 손에 익으면 새로운 작물에 대한 도전도 해볼 만하다.

많은 귀농인들이 특용작물이나 새로운 작물에 도전하여 놀랄만한 성과를 내기도 한다. 한때 블루베리가 귀농인들의 유망품목이었다. 지금도 블루베리는 비슷한 베리류에 비해 시세가 좋지만 예전에는 더 높은 소득을 올릴 수 있었다. 블루베리는 초기 투자비가 제법 들어간다. 그래서 해마다 쳇바퀴 돌 듯 주어진 농사자금을 활용해서 써야하는 지역민들은 엄두를 쉽게 못 내고 의욕적으로 투자할 마음의 준비가 된 귀농인들은 과감하게 도전했던 것이다. 워낙 많은 사람들이 재배하다 보니 요즘은 그 인기가 예전에 비해선 떨어지기도 하였다.

블루베리 인기가 주춤하니 다시 떠오르는 작물이 아로니아다. 아로니아는 키우기가 쉽고 수확량이 많다고 하여 큰 인기를 끌었는데 역시 새로운 작물에 대하여 확신을 갖지 못하는 지역민들 보다는 귀농한 농부들이 많이 도전하여 성과를 보고 있다. 그러나 아로니아 역시 재배면적이 급증한 데 비해 소비자들의 인기는 주춤해지면서 시세가 크게 하락하여 요즘은 천덕꾸러기 신세다.

위와 같은 사례에서 알 수 있듯이 농업 작물도 트렌드가 있다. 그 트렌드 주기가 갈수록 빨라지고 있다. 일찍 새로운 작물에 눈을 떠 도전하는 사람에겐 재배소득도 올리고 묘목도 파는 등 기회일 수도 있지만 뒤늦게 합류한 농업인들은 이미 크게 늘어난 공급과 많이 떨어진 시장의 시세에 낭패를 겪기도 한다. 그래서 새로운 작물에 대한 도전이 묘목 장사꾼 배만 불린다는 볼멘소리가 농촌 현장에서 나오기도 한다.

이러한 문제를 해결하려면 농업인도 공부를 열심히 하는 수밖에 없다. 신문이나 잡지, 인터넷 등 다양한 매체를 통해서 외국이나 선도 농가들의 사례를 살펴보고 사회 흐름을 읽어서 이를 농업에 접목시킬 줄 알아야 한다. 민들레나 엉겅퀴 같이 주위에 흔한 야생 자원을 발굴하여 그 시장을 개척하는 방법도 있다.

민들레 농사도 일종의 틈새작물이다.

농민들이 재배할 생각을 못하고 있는 작물, 재배를 하여도 그 수가 아주 적은 작물들 속에서 틈새작물을 찾는 것 역시 하나의 방법이다. 틈새작물은 재배 기술이 발달하지 않고 대중적 인지도도 낮아 그만큼 홍보하는데 어려움이 크지만 블루오션 개척이라는 측면에서 그만큼 좋은 결과를 가져올 수도 있다.

사례19 개복숭아 전문 농장 운영하는 J씨

도시에 살던 J씨가 고향의 선산 자락에 개복숭아를 심게 된 것은 지인 때문이었다. 열매나 잎 등을 설탕에 절여 그 약성을 뽑아 쓰는 효소(발효액)가 유행할 때였다. 선산에 자라는 개복숭아 좀 따다 달라는 지인의 부탁 때문에 매년 6월마다 고향을 한 번씩 내려오곤 했던 J씨. 어느 해인가는 누군가가 남의 산에 들어와서 개복숭아를 하나도 남김없이 수확해 간 게 아닌가. 개복숭아는 약으로 쓰인다는 민간의 속설이 있어서 꽤 인기가 있었을 때였다. 뒤늦게 개복숭아의 가능성을 확신한 J씨는 남는 산자락에 개복숭아를 심기 시작하였다. 다행스럽게 개복숭아는 손이 많이 안가는 품목이라 농촌에 상주할 필요는 없었다. 그러나 주변 농민들은 돈도 안 되는 것을 심는다고 고개를 갸우뚱 거렸다.

　J씨의 예상은 적중하여 효소 마니아와 약초인들, 건강을 생각하는 사람들을 중심으로 개복숭아 주문이 들어왔다. 당시 개복숭아는 시세가 따로 있는 게 아니었다. 일부 산에서 채취해 파는 사람들이 있었는데 일정한 가격이 있는 게 아니라서 파는 사람마다 가격이 제각각, 들쭉날쭉하였다. J씨는 품질관리를 하면서 개복숭아 전문농장으로 자리매김하였다. 인터넷 블로그는 홍보에 큰 힘이 되었다.

　효소 열풍이 예전 같지 않지만 지금도 개복숭아의 수요는 꾸준하다. 오히려 예전보다 더 시장이 커져서 이젠 일반인들의 주문도 많이 늘었다. 예전에는 쓰임새가 비슷한 매실보다 시세가 낮았으나 지금은 매실보다 시세가 높은 작물이 되었고 입소문도 많이 났다. 물론 본격적인 농사를 위해 J씨는 귀농까지 하였다.

도시에서 농활나온 대학생들

2) 억대 농부의 꿈

고소득 농부 내지는 성공한 농부의 상징으로 매스컴에서는 '억대 농부'라는 표현을 종종 쓴다. 농사로 1년에 1억 이상의 수익을 올린다는 이야기인데 농촌에서 결코 쉬운 일이 아니다.

2020년 농가의 평균 소득은 전년 대비 10% 가까이 증가한 4,502만 원이었다. 반면 지출은 전년보다 2.4% 감소한 3,449만 원이다[6]. 전체 농가소득 중에서 농업소득이 차지하는 비중은 26.2% 에 불과하고 나머지는 농업 외 소득과 기타이다. 영농형태에 따른 연평균 소득을 보면 축산업이 비교적 높아 8,112만 원이고 과수농사가 4,054만 원, 특용작물이 4,735만원 수준이었으며 벼농사는 3,527만 원에 불과하였다.

마을 사람들 모두가 하는 관행농법, 누구나 하는 단순 논농사, 밭농사로는 억대 농부의 반열에 들기 어려울 뿐 아니라 이처럼 절반에도 못 미

---

6) 2020년 농가 및 어가경제조사 결과, 통계청

치는 평균 소득을 올리고 있는 것이다. 그러다 보니 밭작물도 노지에다 심는 게 아니고 비닐하우스를 만들어 그 안에서 재배하는 '시설 농업'에 도전하는 경우가 많다. 시설 농업은 투자금이 많이 들어가지만 생산성이 높고 계절을 가리지 않고 출하를 할 수 있어 그만큼 수익이 높다. 그래서 가끔 매스컴에 등장하는 억대농부의 현실을 보면 틈새작물로 성공한 사람, 새로운 작물을 도입하여 재배에 성공한 사람, 농업 외에 가공과 유통·서비스업 등을 병행하여 그 부가가치를 높이는 사람들이 대부분이다.

이왕 농업을 시작하였으니 도시적 마인드를 바탕으로 관행농법의 틀을 깨고 첨단 농법을 연구하고 새로운 정보를 꾸준히 습득하여 농업계에 성공모델을 만들어 보는 것도 의미가 있으리라. 전국의 억대농부들이 대부분 귀농인이라는 사실은 여러 가지로 시사점이 많다.

또 한편으로는 과연 억대농부의 모델이 귀농인들에게 성공과 행복으로 가는 길인가 스스로 자문해볼 필요도 있다. 치열하지 않은 삶을 살고 싶어서, 유연자적 여유 있는 삶을 살고 싶어서 귀농한 사람들에겐 다시 도시적 치열함 속으로, 경쟁 구도 속으로 빠져버리는 모순을 범할 수 있기 때문이다. 익숙하지 않은 고된 농사일 십년에 몸이 망가진 사례도 있다. 결국 귀농하여 어떻게 살 것이냐는 삶의 가치를 어디에 둘 것이냐의 문제이기도 하다. 그래서 정답이 없다.

영농형태별 평균 농가소득

논벼	35,275
과수	40,545
채소	33,893
특용작물	47,355
화훼	32,952
일반 밭작물	23,469
축산	81,124
기타	53,916

단위: 천 원

출처: 2020 농가경제조사: 농가소득 (통계청)

3) 빚 권하는 사회

농업인들이 가장 친근하게 여기는 농협은 다양한 경제사업을 하고 있는데 소매점(하나로마트)은 기본이고 주유소도 운영을 하고 장례식장도 운영한다. 심지어 도서지역에선 여객선 운항을 하기도 한다. 그러나 가장 기본이 되는 업무는 역시 은행업무다.

농협에서는 농업인들에겐 비교적 좋은 조건으로 다양한 대출을 해준다. 나라에서 지원해주는 대출도 있다. 정책적으로 지원해주는 정책자금은 대출이율이 연 1~2%(2021년 현재) 정도로 매우 저렴하다. 귀농인들에게도 혜택이 많아서 귀농인 창업자금과 같은 정책자금들이 많이 지원된다. 물론 아무리 정책자금 대출을 받고 싶어도 담보가 없으면 대출이 되지 않는다. 정책자금 만큼의 저리는 아니지만 농업인이라면 담보를 바탕으로 쉽게 은행돈을 쓸 수 있다.

농촌에서 농사를 규모 있게 짓는 사람들은 대부분 농협에 큰 빚을 지고 있다. 농기계를 사도 대출을 해주고 비닐하우스나 건물을 지어도 대출을 해준다. 농지를 구입하고 싶은데 돈이 부족하여도 대출, 농산물 가공사업을 조그맣게 하려고 해도 대출이 된다. 오죽하면 농촌에서 빚이 1억 이상이면 '지역 유지'라는 우스갯소리가 있을까. 농촌은 언제부턴가 빚 권하는 사회가 되어 버렸다.

가랑비에 옷 젖는다고 낮은 이율에 혹해 대출을 하나 둘 받기 시작하면 자신도 모르는 사이에 감당하기 벅찬 큰 빚이 되어 돌아온다. 매스컴에서 떠드는 '농가부채'는 그렇게 해서 쌓인 빚들이다.

그러니 아무리 저렴한 이율이라 할지라도 대출만큼은 신중하게 생각하고 받아야 한다. 대출을 신청하기 전에는 고정수입이 있어서 대출금을 갚을 능력이 되는지 스스로 판단을 해야 한다. 그리고 대출금을 용도에 맞게 사용하는 것이 특히 중요하다.

고정수입이 꾸준하게 발생하지 않는 농업인들에겐 건전한 재무관리와 더불어 철저한 자기관리가 더욱 엄격히 요구된다. 대법원 경매사이트에 올려지는 농촌지역 부동산 경매물건들 중에는 도박이 발단되어 경매까지 넘어가는 경우가 종종 있다. 부모의 평생 농사 밑천인 땅이 자식들에 의해서 남의 손으로 넘어가니 이 얼마나 안타까운 일인가!

2. 농사 대신 취업을 선택한 사람들

　귀농귀촌인이 늘다 보니 50대 미만의 젊은 층이 차지하는 비중도 갈수록 높아지고 있다. 그 중에서도 눈에 띄는 점은 비농업종사자 즉, 귀촌인의 비율도 높아진다는 점이다. 과거 연로한 도시사람들이 농사는 짓지 않고 휴양 개념으로 편히 여생을 보내고 싶어서 귀농을 하는 경우가 종종 있었다. 그래서 이를 '귀촌'으로 따로 분리하여 부를 정도였는데 이젠 젊은 층에서도 농사를 짓지 않으면서도 농촌에 사는 사람들이 늘고 있다.

　원인은 국내 농업의 미래가 상당히 불투명하고 현재도 충분한 수익을 내주고 있지 않기 때문이다. 또 다른 원인으로는 귀농인들이 도시에서 쌓은 경력들을 농촌에서도 간절히 필요로 한다는 점이다. 도시의 고급인력을 받아들인 농촌이 지역 활성화와 발전에 큰 힘이 되고 있다는 측면에서 농사 이상의 중요한 역할을 하는 셈이다.

따라서, 귀농인들은 반드시 농사를 짓지 않아도 농촌에서 잘 살 수 있는 방법들이 여럿 있다. 도시와 비교해서 상대적 소득은 어떨지 몰라도 욕심만 크게 내지 않는다면 농촌에서도 도시에서 했던 경제활동을 계속할 수 있다. 도시든 농촌이든 하고 싶은 일을 하면서 사는 게 행복이고 삶의 재미가 아닐까.

취업을 하기 위해 귀농귀촌을 하는 사람은 아마 거의 없을 것이다. 일자리는 역시 인구가 많은 도시를 따라갈 수 없다. 그런데 귀농한 후에 여러 가지 사정으로 직장을 구하는 경우가 생기기도 한다.

우선 경제적인 목적도 있지만 사회적인 목적 때문에 취업하는 경우를 들 수 있다. 예를 들어 특별한 뜻을 갖고 지역사회에서 활동을 하기 위해 인간관계의 폭을 넓힐 수 있는 직장을 갖는 경우도 있고 자신의 전공 분야에 대한 지역사회의 간절한 요구나 능력을 필요로 하는 상황 때문에 취업을 하기도 한다.

또한 새로운 환경에서 새로운 일을 해보고 싶은 욕심에 취업을 하는 경우도 있다. 직장 경험이 없는 주부들도 취업에 뛰어드는 경우가 종종 있는데 경제적 상황 때문이기도 하지만 일 자체에 대한 매력을 느끼는 경우도 많다.

비록 적은 금액일지라도 월급과 같은 형태의 고정 수입은 농촌에서 큰 도움이 된다. 농업 자체가 고정적이지 못한 수입이기 때문에 항상 어려움을 느끼는 것이 농부들의 삶이다. 아래 표는 전업농이 충분한 경제활동이 되지 못하여 겸업으로 농업에 종사하는 이들이 많음을 보여주고 있다. 1970년에는 전업농과 겸업농의 비율이 1,681호 대 802호로 약 2:1의 비율을 보여주고 있으나 2020년에는 619호 대 415호로 차이가 크게 줄었다.

농가 전업농과 겸업농 비중

단위 : 천 호

구분	전업농	겸업농
1970년	1,681	802
2000년	902	481
2010년	627	550
2020년	619	415

출처: 통계청 농어업조사

그렇다면 취업을 하고 싶다고 해서 취업할 수는 있을까? 도시에서도 취업을 하긴 힘든 세상인데. 결론부터 내리자면 일자리가 매우 적고 한정적이지만 반대로 채용 인력도 절대적으로 부족한 곳이 농촌이다. 특히 사무직이나 전문직 인력은 더욱 구하기가 어렵다.

사례20 사무장을 찾습니다

K마을은 올해부터 생태마을로 지정되어 농촌관광사업을 펼치기로 하였다. K마을 이장은 논농사와 밭농사를 제법 크게 하고 또 지역사회에서 각종 단체 활동을 열심히 하고 있었다. 마을에서 농촌관광사업을 새로 하다 보니 사무장을 채용해야 하는데 적임자가 없

어서 골머리를 썩고 있다. 사무장이라면 관할 행정기관과 여러 가지 업무를 주고받는 일을 해야 하고 홈페이지를 관리하면서 고객과 소통도 해야 한다. 전화상담은 기본이요, 마을에 관광객이 방문하면 기본적인 응대도 해야 한다. 그런데 지역사회에는 '엑셀'이나 '파워포인트'같은 기본적인 업무 프로그램을 할 줄 아는 인력이 드물다. 도시에서는 기본 스킬임에도 불구하고 농촌에서는 쓸 일이 없었기 때문이다. 결국, K마을 이장은 지인들이 청탁한 함량미달의 이력서를 모두 뿌리치고 마음고생 끝에 어렵사리 도시에서 귀농한 젊은 주부를 사무장으로 채용할 수 있었다.

최소한의 사무능력을 필요로 하는, 사무직을 찾는 곳은 다양하다. 관공서에서도 계약직으로 제법 많은 사람들을 채용해서 활용하고 있고 지역의 농업관련 법인이나 기업체 등에서도 일손을 필요로 하고 있다. 체험마을이나 각종 공공 단체 등도 사무장 성격의 직원이 필요하다.

이런 곳에 취업하기 위해선 워드 프로그램과 엑셀, 파워포인트 등은 기본적으로 구사할 줄 알아야 한다. 포토샵 같은 사진편집이나 디자인 프로그램까지 할 줄 안다면 농촌에서는 그야말로 '최고급 인력'에 속한다.

그렇다면 취업도 하고 싶고 농사도 짓고 싶은 사람은 어떤 선택을 하여야 할까? 겸업이 가능하다. 실제로 농촌지역의 직장인들 중에는 농사를 겸하고 있는 사람이 많다. 작물에 따라 농업 종사일수가 다르기 때문에 정도의 차이는 있지만 불가능한 일은 아니다. 평일에는 출근하고 토요일이나 일요일 같은 휴일에 논밭을 찾는 형태의 영농이 가능하다. 해가 일찍 뜨는 계절에는 아침 일찍 밭에 나가 일을 좀 하고 출근하기도 한다. 사람의 손길이 가장 덜 간다는 논농사는 물론이고 밭농사도 이런 식으로 가능하다. 배우자 중 한 사람이 평상시에 농사를 전담하고 나머지 한사람은 직장에 다니면서 휴일에 같이 밭을 일구는 사례도 많다.

　귀농하여 취업을 한 사람들의 이야기를 종합해보면 단지 소득 때문만은 아닌 게 분명하다. 도시에서 쌓아 온 자신의 경험과 경력을 지역발전을 위해 쓸 뿐 아니라 많은 사람들과의 인간관계 형성을 통해 지역에서 뿌리내리는 데 적잖은 도움이 되기도 한다.

3. 농촌에서 블루오션을 찾자, 창업하기

　농촌에서도 여러 가지 사업을 할 수 있는데 그 중 가장 대표적인 것이 농산물가공, 즉 식품 제조업과 관광업, 서비스업 등이다.

　식품 제조업을 하는 사람들 중에는 직접 농사지은 작물을 활용하여 그 부가가치를 높이기 위해서 가공업으로 뛰어든 경우가 있고 농사와 관계없이 또는 농사를 짓지 않고 식품제조업을 전문으로 하는 경우도 있다.

　요즘은 '6차 산업'이라고 하여 농산물 생산에서부터 가공 그리고 판매나 체험관광까지 아우르는 형태가 새로운 트렌드로 부상하고 있다. '6차'라는 말은 '1차(생산)×2차(가공)×3차(판매, 체험관광 등 서비스업)=6차'에서 나온 말이다. 6차 산업을 장려하다 보니 이에 대한 지원이 다양하고 많은 편이다. 6차 산업 사업자(농촌융복합산업 인증 사업자) 인증제도까지 있을 정도다.

6차산업 홈페이지 http://www.6차산업.com

6차가 '1+2+3=6'이 아닌 '1×2×3=6'인 것은 1차(생산)를 강조하기 위함이다. 1차(생산)가 6차 산업 중에서도 가장 기본이 되고 중요하다. 1차가 붕괴되면 '0×2×3=0차 산업'이 되어버린다.

그런데 6차 산업에 대한 비판적인 반론도 적지 않다. 농민은 농업에 전념하고 제조업자는 제조업에 전념을 하고 유통업자는 유통업에 전념을 해야 전문성을 확보하여 경쟁력을 갖출 수 있고 결국은 오래가는 길이라는 주장이다. 두 마리 토끼를 잡으려다 다 놓친다는 속담과 맥이 상통한다. 실제로 생산농가가 어설프게 가공업에 뛰어들어 생산하다가 그만 흐지부지 되는 경우가 주위에 참 많다.

비판론자들은 '네트워크형 6차 산업'을 대안으로 제시한다. 즉, 생산자와 제조업자, 판매업자, 농촌관광 사업자 등이 네트워크를 통해 연대하여 경쟁력을 갖추자는 것이다. 이렇게 되면 개인사업자를 뛰어넘어 함께 움직이는 공동체가 되는 것이다. 네트워크형 6차 산업은 각자 전문성을 확보할 수 있으면서 공동 마케팅을 할 수 있다는 장점이 있다.

한편 귀농인이 식품사업 진출 시에는 또 다른 고민이 필요하다. 식품 제조업은 공장을 지어야 할 수 있다. 그만큼 초기 투자비가 들어간다는 뜻이다. 그렇다면 사업체를 어떻게 운영해야할지 면밀한 검토가 필요하다. 특히, 사업의 지속성 부분에 대한 고민도 필요하다. 즉, '내가 아니면 누가 이 사업을 이어서 할 것인가?'에 대한 고민이다. 다행스럽게 자식들이 이어서 하겠다면 큰 문제가 안 되지만 가족 중에 아무도 귀농하여 사업체를 물려받아 해보겠다는 사람이 없으면 난감하다. 대기업이나 상장기업처럼 소유와 경영이 분리되어 있다면 문제가 없지만 농민들의 제조업은 1인에 의해 많이 좌지우지되는 가족형 기업이 많기 때문이다.

농산물 가공업도 중요하지만 농촌에서 더욱 필요한 업종은 유통업이다. 1차 농산물이든 2차 가공제품이든 결국 문제는 판로다. 판로만 확보되면 농산물도 마음껏 생산할 수 있고 가공품도 마음껏 만들어낼 수 있다. 그러나 판매가 생각처럼 쉽지 않다. 따라서 지역특산물을 전문적으로 판매하는 사업도 도전해볼 만하다. 특히, 인터넷 감각이 있거나 도시에 인맥이 막강한 귀농인이라면 더 유리하다. 요즘은 인터넷이나 모바일의 SNS, 유튜브 등을 통해서도 많은 판매가 이루어진다. 시대의 트렌드에 둔감한 사람이라면 유통 뿐 아니라 모든 사업에서 불리하다고 보면 맞다.

펜션과 같은 숙박시설 운영은 귀농인들이 가장 쉽게 생각하는 관광업의 한 분야이다. 이사 가야 할 곳의 풍광이 아름답고 주위에 관광 명소가 많은 경우엔 이왕 집 짓는 거 여유 있게 지어 민박이나 펜션을 운영하겠노라 생각하는 예비 귀농인들이 많다. 그러다 보니 펜션 같은 숙박시설이 넘쳐나는 곳이 대부분이지 부족하여 숙박난을 겪고 있는 곳은 흔치 않은 듯하다. 숙박업은 큰 투자가 들어가야 하고 또 운영 관리상의 어려움도 많다. 철저한 사업적 마인드로 접근해야 한다. 그저 남는 방 활용해서 용돈이나 하겠다는 아마추어 민박 개념이 아닌, 확실한 수익모델을 바탕으로 사업을 추진해야 한다. 또한, 꾸준한 홍보, 고객 관리, 인터넷 마케팅, 정기적인 리모델링 등의 투자까지 계산하여야 한다.

주말에는 어느 정도 객실이 차겠지만 문제는 평일과 비수기이다. 이때 객실 판매율이 펜션 성공의 관건이다. 블로그나 인플루언서를 활용한 마케팅 그리고 적절한 키워드 검색 광고 등을 꾸준히 하여야 하고 고객을 통해서도 입소문 날 수 있도록 손님들에게도 정성을 다하여 고객 감동으로 연결시켜야 할 것이다. 서비스업종이 다 그렇지만 다른 사람들의 마음을 얻기란 참 어려운 일이다.

사례21 이렇게 살려고 귀농했나

강씨는 제주도에 캠핑장을 개업하였다. 정년퇴직하면 아내와 함께 자연 속에서 캠핑장을 운영하며 손님들과 교감하면서 유연자적 사는 게 꿈이었다.

자리가 좋아서였을까, 캠핑장이 의외로 대박을 쳤다. 맨몸으로 오는 관광객들에겐 텐트와 장비를 빌려주기도 하였는데 은퇴자 부부가 대응하기엔 벅찰 정도였다. 하루 쉬고 어디 여행을 가거나 개인 시간을 갖는 건 꿈도 못 꿀 정도로 바빠졌고 몸에도 점점 무리가 왔다. 직장생활을 하는 아들이 손님이 몰리는 주말에는 일손을 도와주기도 하지만 강씨 부부는 지쳐갈 수밖에 없었다.

'이 나이에 이렇게 돈만 벌려고 제주도로 내려온 건 아닌데……'하는 후회가 드는 건 2년도 채 안 되어서 였다. 너무 사업이 잘되어서 고민인 강씨의 경우는 흔치 않은 사례다. 강씨 같은 경우는 '귀농을 왜 하게 되었는가'에 대한 근본적 질문을 던지게 만든다. 스스로 자문할 일이다.

귀농인들은 식당이나 찻집 같은 요식업, 휴게음식점 등에 대한 진출에도 적극적이다. 도시적 감각과 서비스 마인드는 요식업체 운영에 큰 도움이 된다. 요식업은 인맥도 매우 중요한데 이 부분에서는 귀농인들이 현지인들보다는 상대적인 열세인 것은 분명하다. 따라서 요식업을 운영할 경우에는 지역민들을 대상으로 한 충분한 인맥관리가 선행되어야 할 것이다. 각종 모임이나 단체 행사를 자주 유치할 정도는 되어야 한다.

지역에 따라서는 도시에서 유행하는 메뉴나 품목이 뒤이어 들어와 히트를 치는 경우도 종종 있다. 프랜차이즈 음식점 같은 경우가 대표적이다. 성황을 이루는 대도시의 사례에만 현혹될 것이 아니라 소도시 같은 경우는 그 시장에 맞는 품목인지 충분한 시장성 검토를 하여야 한다.

사례22 시골 레스토랑 이야기

최씨 부부가 이탈리안 레스토랑을 개업한 곳은 바다가 가까운 농촌지역이다. 인근에 갯벌체험마을과 골프장이 있긴 하지만 관광지라고 볼 수 없는 곳이다. 게다가 상권도 형성되지 않은 곳이다. 그래서 최씨 부부가 개업을 하자 주위에선 걱정스런 시선으로 바라본 이들이 대부분이었다.

예상대로 최씨 부부는 개업 후 1년 가까이 고전을 하였다. 그런데 특이한 것이 시간이 갈수록 알음알음 입소문이 나 멀리서도 찾아오는 사람들이 꽤 늘었다는 것이다. 외지에서 골프장을 찾은 손님들도 많이 들르고 가끔은 분위기를 내고 싶어 하는 지역주민들도 많이 찾는다. 명절 때 같은 경우, 도시에서 자녀들이 내려오면 '우리 지역에도 이런 곳이 있다'라는 뜻으로 부모가 자녀들을 데려가는 경우도 있다.

지역주민들은 상상도 못한 선택이지만 이탈리안 레스토랑이라는 확실한 식당 콘셉트와 친절한 서비스 그리고 예약제 운영 등이 주효했다. 무엇보다도 성공 포인트는 욕심을 내지 않음에 있었다. 신축건물임에도 좌석이 20석 규모로 작은 편인데다가 저녁 7시30분까지 들어가야 저녁식사가 가능할 정도의 짧은 영업시간 등은 이들 부부의 마음가짐을 말해준다.

드문 경우지만 도시에서나 어울릴법한 서비스업을 창업하는 경우도 종종 있다. 여행업이라든가 인력 알선업, 출판사, 공연기획, 광고회사 등 등이다. 이런 업종은 지역사회에서도 꾸준한 수요가 생기는 분야다. 큰 돈을 벌 수 있는 건 아니겠지만 관공서나 지역의 각급 기관, 단체 등에서의 일감도 꾸준하고 지역사회에서 보람있게 일할 수 있는 분야다. 특히, 이러한 사회참여적 성격이 짙은 기업은 사회적기업을 신청하면 운영과 홍보에 큰 도움이 된다.

농업·농촌 미래 유망직업 100선

구분	직업종류(100개)		
	Ⅰ. 농촌자원을 코디하는 신규직업 : 35개		
사회·문화분야(35)	001 곤충전문컨설턴트	002 공동체재생가이드	003 귀농귀촌플래너
	004 노인돌봄매니저	005 농업유산해설사	006 농장서비스코디네이터
	007 농촌관광플래너	008 농촌교육농장플래너	009 농촌레저활동지도사
	010 농촌상품공간스토리텔러	011 농촌체험가이드	012 농촌체험상품기획가
	013 농촌체험휴양마을디렉터	014 농촌커뮤니티가드너	015 다문화코디네이터
	016 도시농업관리사	017 돌봄농장운영자	018 동물교감치유사
	019 문화재돌보미	020 생태관광디렉터	021 수의테크니션
	022 여가생활플래너	023 옥상정원디자이너	024 자연치유사
	025 자연환경안내원	026 전통공예전문가	027 지역사회교육코디네이터
	028 지역사회예술기획자	029 지역음식관광코디네이터	030 지역의료생협플래너
	031 진로체험코디네이터	032 치유농업사	033 덧밭농장디자이너
	034 팜웨딩플래너	035 팜파티플래너	
기술·과학분야(19)	Ⅱ. 첨단기술로 농업을 발전시키는 신규직업 : 19개		
	036 3D프린팅전문가	037 농업드론조종사	038 농업로봇개발자
	039 디지털헤리티지전문가	040 미디어콘텐츠창작자	041 바이오데이터분석가
	042 바이오플라스틱디자이너	043 스마트농업전문가	044 스마트팜기술자
	045 스마트팜운영자	036 스마트헬스케어서비스기획자	047 에너지절감시설관리사
	048 유전체분석가	049 의약품신소재개발자	050 이력관리시스템개발자
	051 정밀농업기술자	052 창작에이전트	053 초음파진단관리사
	054 친환경농자재전문가		

경제· 산업 분야 (13)	**III. 농촌경제를 이끄는 신규직업 : 13개**

경제· 산업 분야 (13)		
055 농가레스토랑운영자	056 농가카페매니저	057 농산물물류엔지니어
058 농산물유통분석가	059 농업·농촌경영컨설턴트	060 농촌비즈니스코디네이터
061 농촌융복합산업전문가	062 도시농자재판매업자	063 로컬푸드직매장매니저
064 마을기업운영자	065 사회적경제활동가	066 팜핑디렉터
067 협동조합플래너		

생태· 환경 분야 (27)	**IV. 농촌환경과 안전을 책임지는 신규직업 : 27개**

068 그린마케터	069 그린장례지도사	070 기후변화전문가
071 농산물꾸러미식단플래너	072 농산물품질관리사	073 농작업안전관리사
074 로컬푸드재배업자	075 리사이클링코디네이터	076 마을재난관리자
077 반려동물식품코디네이터	078 생태건축전문가	079 식생활교육전문가
080 안전먹거리지킴이	081 약용식물관리사	082 영양서비스컨설턴트
083 요리사농부	084 유기농업전문가	085 재생에너지전문가
086 재활승마치료사	087 전통가옥기술자	088 전통식품개발전문가
089 종자품질관리사	090 친환경포장디자이너	091 퍼머컬쳐디자이너
092 푸드큐레이터	093 한식전문가	094 환경복원기술자

정치· 정책 분야 (6)	**V. 우리농업을 세계로 알리는 신규직업 : 6개**

095 공정무역전문가	096 국제개발협력전문가	097 농산물해외시장개척마케터
098 농식품수출유통가	099 농촌문화교류코디네이터	100 해외농업전문가

출처: 농촌진흥청, 2019

4. 사회적기업과 협동조합, 마을기업 도전하기

귀농에 무관심한 사람일지라도 사회적기업·협동조합·마을기업 등의 말들은 들어 봤을 것이다. 시장경제의 대안으로 떠오른 '사회적경제'는 국가나 시장 그리고 지역공동체의 기능이 조화를 이루며 통합적인 원리로 작동한다. 그 산물로 태어난 이런 기업형태는 이윤 추구라는 기업 본연의 경제적 목표 외에도 사회공익적 가치를 동시에 추구한다는 공통점이 있다. 이러한 기업에 대해서는 법으로 지원을 해주고 있는데 귀농하여 하려는 사업이 사회공익적 측면이 강하다면 이런 제도를 잘 활용하는 것도 도움이 된다.

1) 사회적기업

사회적기업(social enterprise)이란 취약계층에게 사회서비스 또는 일자리를 제공하거나 지역사회에 공헌함으로써 지역주민의 삶의 질을 높이는 등 사회적 목적을 추구하면서 재화 및 서비스의 생산 판매 등 영업활동을 추구하는 기업을 말한다 (사회적기업육성법 제 2조). 사회적기업을 운영하려면 일정한 요건을 갖추어 고용노동부장관의 인증을 받아야 한다.

유형별로 그 종류를 살펴보면, 일자리 제공형, 사회서비스 제공형, 혼합형, 기타형, 지역사회공헌형 등으로 나눌 수 있다.

한편으로, 사회적기업 인증을 위한 최소한의 법적 요건을 갖추고 있으나 수익구조 등 일부 요건을 충족하지 못하고 있는 기업을 '예비사회적기업'이라고 지방자치단체장이 별도로 지정하고 있다. 지방자치단체장이 아닌 중앙부처장이 지정한 예비사회적기업도 있는데 이를 '부처형 예비사회적기업'이라고 한다. 모두 향후 사회적기업 인증을 받을 수 있도록 지방자치단체나 중앙부처에서 돕기 위함이다. 보통은 예비사회적기업을 거쳐 사회적기업이 되는 경우가 많다.

사회적기업은 사회적 목적을 추구하면서 영업활동을 펼치기 때문에 어찌보면 비영리조직과 영리기업의 중간 지점에 있는 기업형태이기도 하다. 그러나 인건비 지원과 같은 혜택을 누리고자 농촌에 있는 일반적인 영농법인, 영어법인 등이 사회적기업 형태를 갖추는 경우도 많이 있는 게 현장의 실정이다.

사회적기업이 아닌 자가 사회적기업이라는 명칭이나 이와 유사한 명칭을 쓰는 것은 법으로 금지하고 있다.

2022년 1월 현재, 전국의 사회적기업 3,215개

서울 567개	대전 92개	광주 136개	부산 152개	경기 560개	충남 126개	전남 172개	경남 156개	제주 82개
인천 202개	대구 118개	울산 110개	세종 23개	강원 183개	충북 135개	전북 183개	경북 218개	

출처: 한국사회적기업진흥원

2) 협동조합

사회적기업과 협동조합, 마을기업 등은 각기 그 성격이 조금씩 다르다. 그러나 마을기업이나 협동조합이 사회적기업 형태를 띄고 있어도 아무 이상이 없을 정도로 서로 간의 공통분모가 많다. 「협동조합기본법」에는 협동조합을 '재화 또는 용역의 구매·생산·판매·제공 등을 협동으로 영위함으로써 조합원의 권익을 향상하고 지역 사회에 공헌하고자 하는 사업조직을 말한다.'라고 정의 되어 있다. 협동조합 중에서도 '지역주민들의 권익·복리 증진과 관련된 사업을 수행하거나 취약계층에게 사회서비스 또는 일자리를 제공하는 등 영리를 목적으로 하지 아니하는 협동조합'은 '사회적협동조합'이라고 별도 정의를 하고 있다. 둘 다 '협동'을 기본으로 하고 있는데 같은 목적의 5인 이상 구성원이 모이면 구성이 가능하다. 사업의 종류에 따라 원칙적으로 사업범위의 제한도 없다. 참여자들은 출자자산에 따라 유한책임을 지며 실적에 따라 배당도 받게 된다. 가입과 탈퇴도 자유롭다.

비슷한 형태지만 마을공동체에서 추진하는 사업이 마을기업이다. 마을기업 역시 '마을가꾸기'사업과 마을공동체의 소득 증진, 삶의 질 향상 노력 등과 맞물려 주목을 끌고 있다.

사례23 마을기업과 사회적기업

등산객들이 많이 거쳐 가는 꽃뫼마을은 전형적인 산간마을이다. 이번에 5년 차 귀농인이 이장이 되었는데 마을주민들의 소득을 높이기 위해 마을 차원에서 농특산물 가공사업을 시작하기로 하였다.

젊은 사람들 중심으로 10명의 출자자를 선정하여 등산객들을 대상으로 한 'B 건강즙' 제조회사를 설립하였는데 수익의 일부를 마을기금으로 적립하기로 하였다. 그리고 지자체에서 지원하는 마을기업 사업에도 참여하여 마을기업으로서 인정도 받았다.

제품의 판매는 순조로웠다. 청정 산간지방의 산물로 만든 것이라 소비자들의 반응도 좋았다. 그렇지만 인건비 비중이 높은데다가 경쟁상품들의 가격 경쟁 때문에 충분한 이윤을 확보하기 어려운 점이 있었다. 고심 끝에 마을기업 경영진은 사회적기업 신청을 하기로 했다. 사회적기업이 되면 인건비 지원이 되는데 마을의 고령인구를 큰 부담 없이 활용할 수 있기 때문이다. 어느 정도 자립기반을 갖출 때까지라도 큰 도움이 될 것으로 생각되었다. 군청과 상담 끝에 B건강즙 기업은 예비사회적기업 인증을 위한 교육을 받게 되었다.

사례23의 경우는 교과서적인 모범사례다. 마을기업이 당초 취지와 다르게 왜곡되어 추진되는 경우도 많다. 고령자들밖에 없는 마을에서 주민들을 설득하여 힘들게 마을기업을 설립하였는데 출자자들인 마을 주민들이 사업과정에서 모두 포기하여 나중에는 결국 사기업화 되는 경우가 대표적이다.

비슷한 업종 내지는 비슷한 목적을 가진 기업들끼리는 협동조합 형태도 좋다. 예를 들면 관내 관광사업체들끼리 관광 정보 교류, 관광 홍보 등을 통한 지역관광 활성화를 목적으로 협동조합을 만드는 식이다. 관광숙박업, 관광식당업, 체험농가, 체험마을 등이 조합원으로 참여하면 서로의 시너지효과를 통해서 운영의 효율을 높일 수 있다.

사회적기업, 마을기업, 협동조합의 업무는 해당 지자체의 경제관련 업무를 보는 부서에서 담당한다.

2022년 1월 현재, 협동조합 현황

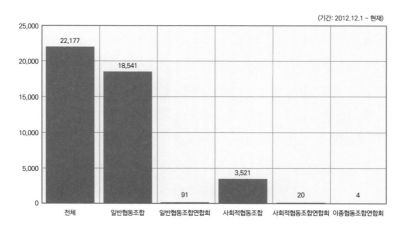

5. 지자체의 보조사업 지원받기

지방의 소도시들은 다양한 농어업·농어민 지원정책을 펼치고 있다. 농업의 대내외 환경이 갈수록 어려워짐에 따라 농어민의 경쟁력 확보에 도움을 주고 농어업의 새로운 미래 발전 모델도 찾아야 할 상황이기 때문이다. 이런 과제들이 순수 농어민들의 힘으로는 한계가 있어 행정기관에서는 다양한 형태로 좋은 사업과 발전적인 아이디어에 보조사업 지원을 한다. 따라서 귀농귀촌인들도 이러한 지자체의 지원을 받아서 잘 활용하면 도움이 된다.

1) 지자체의 보조사업은 잘 쓰면 약, 잘못 쓰면 독

귀농하여 안정적으로 정착하였다 싶으면 새로운 사업에 도전할 수도 있다. 귀농인에게만 해당되는 경우는 아니지만 농어촌 지역에는 각종 보조사업들이 많다. 예를 들어 쌀을 가공하는 식품사업을 하겠다고 하면 '쌀가공지원사업'이라는 것이 있어서 여기에 소요되는 비용을 지원해 주고, 창의적인 아이디어로 새로운 농업사업을 해보겠다고 하면 '고소득 지역특색벤처농업육성사업[7]'이라는 것이 있어서 관련 사업비를 지원해 주는 형식이다. 지역마다 많은 농민들이 이런 지자체의 도움을 받아 식품가공 사업을 하고 있다.

어려운 조건 속에서도 좋은 아이디어를 가지고 있는 농민들에게 식품가공 사업을 지원해 주어 뜻을 펼칠 수 있는 기회를 준다는 점에서 아주 중요하고 필요한 사업이다. 반면에, 비판적인 시각도 많다. 대개 이러한 정보는 밝은 사람에겐 밝지만 어두운 사람들에겐 어둡기 마련이다. 이런 보조사업을 많이 타는 사람들은 그렇지 않은 사람들에게 시기와 질투의 대상이 되기도 하고 비판의 대상이 되기도 한다. 보조사업만 잘 받아먹고 사업은 흐지부지 하는 사람들을 '보조금 사냥꾼'이란 식으로 비아냥거리고 있는 게 지역의 정서이기도 하다. 또한 이러한 보조사업은 이제 냉엄한 시장에 뛰어드는 신생기업들을 상대적으로 나태하게 만들고 절박함을 무디게 만들어 사업 추진에서는 오히려 걸림돌이 되기도 한다. 그래서 어떤 농민들은 이런 사업을 일부러 안 받고 순순히 자신의 힘으로 시장을 개척해 나가는 사람도 있다.

하지만 지자체의 보조사업을 받아 성공적으로 사업 성과를 일궈낸다면 이도 의미가 있다. 특히, 지자체에서는 같은 조건이면 지자체에서 보조를 해준 사업체에게 더 지원(홍보, 판매, 컨설팅, 추가 지원 등)을 해주는 특성이 있다. 예를 들면, A업체는 지자체의 지원을 통해 연 5억 매출의 기업으로 성장하였고 B업체는 순수 자력으로 연 매출 5억대 기업

---

7) 지자체마다, 사업연도에 따라 사업의 이름은 다양하다.

으로 성장했다고 하자. 지자체에서는 외부 홍보나 각종 소규모의 지원 사업 등에서 B업체보다는 A업체에 더 신경을 쓴다. 성과를 내야 하는 공무원 조직의 특수한 성격 때문이다.

그렇다면, 어떻게 하면 지자체의 보조사업을 받아볼 수 있을까? 지역 사회에서 '방귀 좀 뀌면서 산다'는 사람들조차도 받고 싶어 안달한다는 보조사업이 별 연고도 없는 귀농인에게까지 기회가 올 것인가. 가능성 이 있다면 어떻게 노력해야 받을 수 있을까.

먼저, 당연한 이야기겠지만 공무원들과 친하게 지내야겠다. 친한 사 람에게만 도움을 준다고 비난할 일이 아니다. 단순하게 알고 지내라는 문제가 아니기 때문이다.

과거, 보조사업의 문제점이 많이 지적되었다. 사업비만 받아쓰고 제 대로 사업을 하지 않아 담당 공무원이나 담당 행정부서가 곤란을 겪은 적이 종종 있기 때문이다. 그래서 행정부서에서는 사업을 잘 수행할 수 있는, 역량있는 사업자를 고를 수밖에 없다. 당연한 일이다. 그렇다면 해 답은 나왔다. '내가 그런 사업을 잘 할 수 있는 사람'이란 걸 평소에 담당 직원들에게 보여주면 되는 것이다. 그러면 특정 사업이 내려왔을 때 기 회가 찾아올 수 있다. 담당부서는 물론이고 모르는 사람이 없을 정도로 많은 공무원들과 친하게 지내지만 '저 사람은 신뢰성이 없고 능력이 없 다'라고 평가를 받는 사람이라면 두말할 필요 없이 그런 기회를 잡을 수 가 없다.

비슷한 사업계획서를 가지고 두 사람이 행정부서를 노크했다고 가정 하자. 행정기관의 담당 직원 입장에서 한 사람은 전혀 정보가 없는 생면 부지의 사람이고 또 한 사람은 그래도 행정부서를 들락날락해서 조금이라도 알고 있다면 어떤 사람에게 기회가 갈까? 부정적이지 않고 긍정적인 평판을 가지고 있는 사람이었다면 당연히 행정부서 공무원들이 알고 있는 사람에게 기회가 갈 것이다. 어느 정도 검증이 된 사람에게 사업을 주어서 성공 확률을 높여야 하기 때문이다. 전혀 모르는 사람은 사업을 잘 할 수 있을지 확신이 안 서기 때문이다. 특히 신청자가 귀농인이라면 더 불리하다. 귀농인은 지역에서 완전히 '우리 사람'이라고 인정하고 보듬어주기 전까지는 주거가 불안정한 사람으로 인식될 수 있기 때문이다.

행정부서에 나의 존재감을 알리고 신뢰를 심어주는 방법 중 가장 손쉬운 것은 교육 참여이다. 어디나 마찬가지지만 행정부서에서 준비한 여러 가지 교육 프로그램에 적극적으로 참여하고 - 많은 지자체에서 이런 참여도를 평가 점수로 계량화하여 사업자 선정 기준으로 삼는다- 행정부서 각종 사업에 열심히 참여한다면 그런 기회를 잡기는 어렵지 않을 것이다.

2) 사업계획서 작성하는 법

간혹, 전문가에게 일정한 보수를 지급하고 사업계획서를 대신 써 달라 부탁하는 농민들이 있다. 그러나 가장 좋은 사업계획서는 사업을 준비하는 사람이 직접 정성껏 작성한, 진정성 있는 사업계획서이다. 아무리 사업계획서를 잘 써주는 전문가라고 할지라도 해당 사업에 대한 전문성은 사업을 준비하는 당사자 이상을 넘어설 수가 없다. 조금만 공부를 하면 누구나 훌륭한 사업계획서를 작성할 수 있다.

사업 추진계획서에도 서론과 본론, 결론이 있다. 서론 부분에서는 사업추진자에 대한 소개가 필수다. 어떤 능력을 가지고 있고 어떤 장점이 있어서 앞으로 본론에서 언급하고자 하는 사업에 대하여 충분한 추진 능력이 있음을 보여주어야 한다.

본론에서는 사업에 대한 본격적인 내용을 언급한다. 사업을 추진하게 된 배경과 시장 상황, 사업의 구체적인 내용을 다룬다. 사업의 경쟁력이나 차별화 전략, 자금 조달 방법, 인력 조달 및 조직력 구성에 대한 안, 예상되는 문제점과 이에 대한 대비책, 중장기적 계획 등의 사업 비전도 본론에서 다뤄야 할 내용이다. 영업이나 판매 방법 등은 본론에서도 가장 중요한 부분 중 하나다.

결론에서는 이 사업을 예정대로 추진했을 때의 성과 내지는 효과를 언급한다.

* 객관적 데이터나 수치 등을 잘 활용하고 보기 좋게 쓴다

사업계획서는 일종의 설득문이다. 자금조달을 목적으로 한 사업계획서이든 공모사업에 참여하기 위한 사업계획서이든 사업계획서를 읽는 사람을 내 의도에 맞게 설득시키는 것이 목적이다. 그러기 위해선 신뢰도를 높일 수 있는 객관적 수치나 데이터 등을 인용하면 효과적이다.

마찬가지로 사진이나 그림을 적절하게 활용하는 것도 좋다. 가독성을 높일 수 있는 글자와 그림, 도표 등의 조화도 고려하여야 한다. 아주 좋은 내용이지만 줄 바꿈 하나 없이 빼곡하게 쓴 계획서라면 읽는 이가 쉬

이 피로를 느껴 그 감동이 반감될 수밖에 없다. 보기도 좋아야 한다.

* 쉽게 써야 한다

뜻도 잘 모르는 영어를 남발할 것이 아니라 누구나 내용을 이해할 수 있도록 쉬운 단어와 문장으로 쉽게 쓴다. 문장의 길이도 너무 길지 않도록 짧게 쓴다. 평소 잘 안 쓰는 단어를 사용할 경우엔 그 뜻을 정확하게 확인하여 실수하는 일이 없도록 한다. 특히, 우리말처럼 습관화되어 자주 쓰는 외래어들을 부득이하게 쓸 경우가 있는데 그 뜻을 다시 한 번 정확하게 확인한 뒤 용법에 맞게 쓰도록 한다.

공무원이 작성한 듯한 행정 냄새 물씬 풍기는 표현이나 형식은 오히려 역효과를 불러일으킬 수도 있다. 참신하고 정성 있는 계획서가 좋다.

* 형식이 제시된 경우에는 형식을 충실하게 지킨다

공모사업 같은 경우에는 사업계획서 형식을 제시하는 경우가 많다. 서체는 물론, 글자 크기나 줄 간격까지 일정하게 맞춰줄 것을 요구하는 경우도 있고 분량이나 형식을 제한하는 경우도 많다. 이런 경우엔 요구하는 형식에 맞게 써야 한다. 의욕이 앞서 분량을 넘치거나 평소 익숙해진 서체나 글자 크기 등을 고집하면 안 된다.

6. 인터넷은 도농 구분이 없다. IT의 활용

도시와 농촌은 여러 가지로 다른 점이 많다. 그래서 적응시간과 적응 노력이 필요하다. 반면에 도시·농촌의 지역 구분이 없는 세계도 있다. 바로 인터넷 세상이다. 인터넷 공간만큼은 도시와 농촌이 똑같은 공간에서 똑같은 조건으로 똑같이 활동할 수 있다. 농촌에서도 인터넷을 배워야 하는 이유다.

요즘은 SNS(Social Network Services)가 대세다. 많은 농민들이 SNS 교육에 열중이지만 SNS 에만 안주하면 낙오하기 십상이다. 세상이 너무나도 빠르게 변화하기 때문이다. 인터넷이 이미 책상 위에서 모바일로 빠르게 진화하였고 IoT(사물인터넷)이니 A.I(인공지능)이니 하는 제4차 산업혁명 시대에 우리는 살고 있다. 심지어 이제는 메타버스(Metaverse)와 NFT(Non-Fungible Token)를 공부해야 할 때다. 인터넷이 중요한 것은 그 모든 것들의 기본이 되기 때문이다.

농촌에서 인터넷을 효과적으로 활용할 수 있는 사례 중 첫 번째는 쇼핑이다. 30분 정도 떨어진 읍내까지 나가기가 번거롭고 또 나간다 한들 소도시라 없는 품목이 많고 무거운 것이라도 구입하게 되면 차가 있어야 가지고 올 수 있고 가격도 대도시 같지 않게 비싸다는 점 등…… 이런 장벽들을 해결할 수 있는 게 바로 인터넷 쇼핑이다.

인터넷으로 주문을 하면 저렴한 가격에 집 문 앞까지 안전하게 배달해 준다. 어떤 귀농인은 심지어 '농부의 자존심'이라 할 수 있는 쌀까지 인터넷을 통해 주문을 하기도 한다. 쌀농사를 짓지 않으면 주위에서 사먹을 수밖에 없는데 인터넷이 더 저렴하고 선택의 폭도 넓으며 필요한 때 필요한 만큼 구입할 수 있어 편하다는 이유다. 물론, 이런 경우 애향심 많은 택배사 배달기사에게 한 마디 듣기 십상이다. 다른 생필품도 인터넷이 훨씬 품목이 다양하고 가격도 저렴하며 배달까지 하여 주니 도시와 농촌의 구분이 없다.

인터넷을 통해 물건만 구입하는 것이 아니라 생산한 농산물이나 가공품을 판매할 수도 있다. 요즘은 무료로 제공되는 홈페이지 기본 툴이 발달하여 작은 지식만 있으면 무료로 홈페이지나 인터넷 쇼핑몰을 만들 수도 있다. 전문적으로 인터넷 쇼핑몰을 운영하는 사람이 아니라면 간단한 블로그나 인터넷 카페 활동만으로도 생산물을 판매할 수 있다. 인터넷에서 통신판매를 하려면 해당 지자체에 통신판매업신고를 하여야 한다. 그러나 이렇게 회원들에게 소규모로 판매하는 농산물이라면 별도의 통신판매신고를 하지 않아도 된다. 〈전자상거래 등에서의 소비자보호에 관한 법률〉 12조 1항에 따른 〈통신판매업신고 면제 기준에 대한 고시〉에 의하면 다음과 같이 예외 규정을 두고 있다.

〈통신판매업신고를 하지 않아도 되는 경우〉
  ＊ 최근 6개월 동안 통신판매의 거래횟수가 20회 미만인 경우
  ＊ 최근 6개월 동안 통신판매의 거래규모가 1,200만원 미만인 경우

 농산물이든 가공상품이든 판매가 문제다. 아무리 맛있고 몸에 좋은 농산물을 재배해도, 아무리 좋은 가공상품을 만들어도 판매가 되지 않으면 썩어 없어지고 유통기한도 지나 쓰레기가 되고 만다. 소득을 올릴 수도 없다. 판매를 좀 더 적극적으로 할 생각이라면 블로그나 SNS를 활용하는 게 좋다. 다행이 요즘은 지자체에서도 SNS 마케팅 교육 프로그램을 많이 운영하고 있어 교육의 기회도 많아졌다. 영업에 활용할 수 있는 인터넷 채널로는 블로그, 카카오톡(카카오스토리, 카카오채널), 페이스북, 네이버 밴드, 인스타그램, 인터넷 카페, 유튜브, 라이브 방송 등이 대표적이다.

 블로그의 인기는 예전만큼은 못하지만 여전히 그 영향력은 막강하다. 상업적인 홍보수단으로 많이 사용되고 있음을 알면서도 많은 사람들이 블로그를 통해서 정보를 얻는다. 일반적인 웹문서보다 훨씬 많은 양의 콘텐츠가 블로그를 통해 쏟아진다. 농산물이든 가공품이든 판매를 하고 있다면 블로그는 기본적으로 운영하는 것이 좋다. 자식들에게 그 운영을 부탁하는 것도 방법이겠지만 직접 운영하는 게 의미도 있고 효과적이다. 조금만 배워도 할 수 있는 게 인터넷 블로그다. 블로그는 만드는 게 끝이 아니고 활성화하는 것이 포인트이다. 블로그를 활성화하는 비결은 '꾸준함'이다.

* 일주일에 2-3회 정도 꾸준히 쓴다. 정 바쁘면 1주 1회라도 올려야 한다.
* 글보다는 사진 위주로 쓰고 이모티콘 등을 잘 활용하여 가독성을 높인다.
* 특히 글을 빼곡하게 쓰지 않는다. 문법에 엄격한 문학적 글이나 일반 문서와 달리 문법에 관대한 것이 블로그 포스팅이다. 자주 줄바꿈을 해주어 읽기 편하게 만들자.
* 댓글에는 답글을 성실히 달아주고 이웃 블로거를 많이 사귀어 놓는다.
* 검색에 유리하도록 키워드 전략을 잘 세운다.

특히, 키워드 전략이 중요하다. 김장철에 '김장 담그는 법'이나 봄꽃 필 무렵에 '벚꽃여행 추천'과 같이 시기 적절한 키워드를 선정하여 이를 제목에 넣어주어야 상단에 노출이 된다. 또한 댓글이나 공감 등의 호응도가 노출 순위에 반영되기 때문에 이웃 블로거들과 교우를 많이 가져서 서로 응원 댓글을 달 수 있도록 한다. 내용이 아무리 좋아도 상단에 노출이 되지 않으면 찾는 이가 많지 않고 찾는 이가 많지 않으면 '홍보를 통한 판매 증대'라는 소기의 목적을 이룰 수 없다.

신규 고객 유인도 중요하지만 단골 고객 관리도 중요하다. 농장의 소식을 틈틈이 올려서 방문객들과 교감을 나누는 노력도 필요하다. 아무리 영업적 측면에서 올리는 포스팅 일지라도 재미를 주거나 정보를 줄 수 있는 블로그 본연의 기능도 무시하면 안 된다.

홍보 전문 블로거들을 활용해서 블로그 마케팅을 하는 경우도 종종 있다. 파워블로거나 인플루언서와 같이 영향력 있는 블로거들에게 상품을 보내서 그 사용후기를 포스팅하여 상품 홍보할 수 있도록 하는 마케팅 기법이다. 블로거의 영향력에 따라 비용이 조금 들어갈 수도 있다. 홍보를 전문으로 하는 블로거들은 어떻게 제목을 달면 검색 순위 상단에 노출이 되는지 잘 알고 있기 때문에 상단노출에 대한 고민을 할 필요 없게 만들어준다.

페이스북이나 카카오스토리, 네이버 밴드 같은 채널도 제품판매에 유리하다. SNS는 짧은 글 위주인데 보다 많은 정보를 알려주고 싶을 때에는 SNS에서 블로그로 링크가 넘어갈 수 있도록 해 놓으면 블로그와 네이버 밴드 모두 관리할 수 있다.

무엇보다 요즘 인기 끄는 판매 채널은 유튜브나 라이브 방송 같은 영상매체이다. 좀 더 전문성이 요구되는 분야라 영상과 홍보기법을 배워두면 좋다. 지자체나 인근 기관을 통해 영상 촬영 및 편집 기법을 배워놓으면 사업 밑천이 될 뿐 아니라 평생의 취미가 되기도 한다.

이론상으로는 쉬운데 생각만큼 쉽지 않은 것이 인터넷과 SNS 마케팅이다. 농사일에 치이다 보면 컴퓨터 앞에 앉을 틈이 없다는 게 인터넷 활용도가 떨어지는 농민들의 한결같은 변명이다. 그러나 스마트폰으로도 얼마든지 온라인마케팅을 할 수 있다. 실제로 그렇게 활용하는 농민들도 많다. 1차 생산 못지않게 유통, 판매에 비중을 두고 싶다면 온라인마케팅 공부도 충분히 하여야 할 것이다.

5

행복한 귀농귀촌을 위하여

1. 농촌의 멋과 여유 즐기기

꿈에도 그리던 귀농을 행동에 옮겼다면, 도시에서 로망으로만 여겼던 귀농의 멋과 여유를 즐길 자격이 충분하다. 닭을 키우면서 계란을 받아먹는다거나 텃밭에 쌈채소를 심어 놓고 손님들 초대하여 야외 바비큐 파티를 열 수도 있다. 시간 날 때 뒷산에 올라 건강을 다지면서 눈에 띄는 약초를 채취하여 약초술이나 약초효소를 담글 수도 있다. 틈틈이 배운 손재주를 자랑 삼아 마당 한 켠에 나무 테이블을 만들어 놓는다거나 마당에 뛰어노는 진돗개를 위해 직접 개집을 짓는 등의 취미활동도 농촌에서나 가능한 일들이다.

일각에서는 귀농생활을 너무 장밋빛으로만 이야기한다고 비판을 하지만 도시와 달리 농촌에서 누릴 수 있는 게 있다면 충분히 누리는 것도 시골살이의 특권이다. 어차피 보다 나은 삶의 질을 위해서 귀농한 것이 아닌가.

귀농 생활의 첫째 즐거움은 손님치레다. 멀리서 손님이 찾아온다면 직접 담근 술을 내놓고 전원생활의 즐거움을 이야기하다 보면 밤을 새도 모자란다.

손님은 멀리서 오는 것만은 아니다. 가까이 있는 이웃도 손님이다. 이웃과 거의 단절된 생활을 해왔던 도시에 비해 농촌은 이웃과 함께하는, 칸막이가 없는 공동체 사회이다. 정돈되지 않아 어수선한 집안에 아무렇지도 않은 듯 손님 들이는 것이 농촌이고 매일 먹는 밥상에 숟가락 하나 더 올리면 손님 밥상이 되는 것이 농촌이다.

귀농생활의 또 다른 즐거움은 동식물들을 마음껏 키워볼 수 있다는 것이다. 개나 고양이를 여러 마리 키울 수도 있고 닭장을 만들어 닭을 키울 수도 있다. 지인 중에는 개나 닭의 범주를 넘어 당나귀와 원숭이까지 키워 작은 동물농장을 꾸민 사람이 있을 정도다. 마당에 과일나무를 심어 따먹을 수도 있고 텃밭에 이것저것 심어서 자급자족의 즐거움을 누릴 수도 있다.

지인들을 초대하여 작은 음악회를 여는 귀농인

다만 주의사항이 있다. 주의사항이라기보다는 하나의 에티켓이다. 이웃을 배려하는 마음이 필요하다. 한창 바쁜 농번기철에 손님맞이 한다고 대낮부터 야외 바비큐 파티를 한다면 옆에서 일하고 있는 이웃들에 미안해할 줄 알아야 한다. 와서 식사 좀 하시라고 모셔오면 좋을 일이다. 일손이 딸리는 농번기철에는 편안히 산책 다니는 것도 눈치가 보이는 곳이 농촌이다.

자연을 벗하며 사는 여유로움도 빼놓을 수 없는 농촌의 즐거움이다. 동네 산에만 올라가도 자연의 아름다움을 만끽하는 즐거움에 건강까지도 챙길 수 있다. 특히, 산행 틈틈이 약초를 찾아보며 공부하는 것은 좋은 취미다. 약초를 채취하여 담금주나 효소, 음료 등을 만들다 보면 건강도 지키고 생각지 않았던 수입도 올릴 수 있다. 여기에도 주의할 점은 있으니 남의 산에서 약초를 캐는 행위는 현행법상 불법이어서 특별히 주의를 기울여야 한다.

귀농하였으니 열심히 일을 해야겠지만 일의 노예가 되는 건 경계해야 할 일이다. 허리 구부러지도록 밭에서 일하는 것이 귀농인의 꿈은 아닐 것이다. 조금 부족하여도 즐겁게, 작은 것에도 만족하면서, 유연자적 사는 것이 건강에도 좋다. 즐겁게 살자.

목공예나 도예에 취미를 붙이는 일 등은 삶을 풍요롭게 해준다. 조금만 재주 있다면 창고를 짓는 일, 집을 개보수 하는 일 등도 직접 할 수 있다. 이런 손놀림도 농촌이라서 가능한 취미생활의 하나다.

2. 귀농의 특권, 건강한 먹거리 만들기

　많은 사람들이 귀농의 목적 중 하나로 '건강한 삶의 추구'를 손꼽는다. 건강한 삶의 기본은 건강한 먹거리다. 신선하고 오염되지 않은 건강한 농산물을 접하면서 건강한 삶을 살고 싶어하는 것은 귀농인들의 한결같은 바람이다. 농산물뿐 아니라 몸에 좋은 음식을 직접 만들어 먹는 것에도 적극적인데 이 역시 농촌에서 누릴 수 있는 호사다.

　발효액 만들기는 농촌에서 가장 손쉽게 할 수 있는 건강식 만들기다. 여러가지 방법이 있지만 가장 널리 이용되고 있는 것은 설탕절임이다. 농산물이나 약초 등을 설탕 절임하여 먹으면 몸에 좋다고 하여 한때 '효소 만들기'라는 이름으로 열풍이 불었다. 지금도 많은 사람들이 선호하는데 발효액을 음료처럼 마시면 여러 가지 화학첨가물이 범벅된 시판 음료보다 훨씬 유익하다.

　발효액이나 꽃차 같은 것을 만들어 놓고 반가운 손님이 왔을 때 함께 마시면 몸에도 좋고 분위기도 살린다. 돌아갈 땐 선물로 조금 덜어주면 참 좋아한다.

1) 발효음료 만들기

도시에서 농촌으로 귀농한 사람 중에는 건강이 좋지 않아 이주한 사람들이 제법 많다. 다행스러운 것은 시골로 온 뒤 건강이 많이 좋아졌다는 것이다. 공기 좋고 물 맑은 곳에서, 산과 들의 산야초를 이용해 먹을 것, 마실 것을 만들어 먹으니 몸이 좋아하더라는 이야기들을 한다.

발효액을 만들 재료는 깨끗한 환경에서 자란 것을 사용한다. 농약이나 비료를 주어가며 기른 것보다는 자연 속에서 나고 자란 게 약효가 더 좋다는 것은 두말하면 잔소리다. 재료는 깨끗하게 씻어서 잘 말린 다음 물기를 최대한 없애고 담근다. 물기가 남아 있을 경우 발효액이 변질될 수 있기 때문이다. 너무 커다란 재료는 잘 우러나오도록 적당한 크기로 잘라준다.

발효를 돕는 부재료는 설탕, 꿀, 올리고당 등을 사용할 수 있지만, 맛의 변질을 막고 장기 보관하기에는 설탕이 무난하다. 정제된 설탕 사용이 내키지 않는다면, 비정제 사탕수수 원당을 사용하는 것도 좋은 방법이다. 설탕은 주재료가 가지고 있는 수분의 양에 따라 가감해 넣기도 하지만, 수분의 양을 모를 경우 재료의 무게를 재고 1:1 비율로 설탕을 넣으면 무난하다.

★ 흰민들레 발효액 만들기

재료 : 흰민들레, 설탕

- 민들레는 뿌리, 줄기, 잎 등 전초를 사용할 수 있는데, 흐르는 물에 여러 번 씻어 물기를 최대한 없애준다.
- 너무 큰 것은 적당한 크기로 잘라주고, 큰 그릇에 전체 넣을 설탕의 70% 정도와 자른 민들레를 넣고 버무려준다.
- 발효액을 담을 용기에 버무린 재료를 넣고, 나머지 설탕 30%로 그 위에 덮어준다.
- 용기 입구를 깨끗한 천이나 한지로 덮고 고무줄로 묶은 다음, 뚜껑을 덮어준다.
- 재료 위에 덮어놓은 설탕이 녹아내리면, 밑에 가라앉는 설탕이 녹도록 매일 저어준다. 설탕이 다 녹으면 1주일에 한 번 정도 저어주며 위에 곰팡이가 생기지 않도록 관리한다.
- 발효액은 직사광선을 피해 서늘한 곳에 보관하고, 6개월 이상 발효시킨다.
- 1차 발효가 끝나면 건더기는 걸러내고 발효액만 용기에 담아 6개월간 숙성시킨다. 숙성이 끝난 발효액은 음식 조리 시 사용하거나, 원액을 생수에 희석에 먹어도 좋다.

2) 꽃차 만들기

농촌으로 오니 산과 들에 지천으로 피는 꽃들 덕분에 눈이 호강한다. 하지만 아무리 예쁜 꽃도 화려한 시절이 지나고 때가 되면 시들어 버리니 아쉬움이 많이 남는다. 이럴 때 꽃차를 만들어 두면 새롭게 피어난 꽃향기 덕분에 즐거움이 더해진다. 더불어 다양한 꽃의 효능도 이용할 수도 있으니 일석이조의 효과를 볼 수 있다.

하지만 꽃이라고 해서 아무거나 다 먹을 수 있는 것은 아니다. 독성이 있는 것도 있고 오염된 환경에서 자란 것도 있으니, 함부로 채취해 먹어선 안 된다. 꽃차로 만들 꽃은 너무 활짝 피거나 미처 피지 않은 꽃봉오리 보다는 막 개화한 꽃이 알맞다. 꽃을 차로 만들 때는 꽃의 상태에 따라 그냥 말리기만 하는 경우도 있고, 찜솥에 쪄서 말리기도 한다. 꽃을 덖어서 차 맛이 부드럽고 잘 우러나게 하는 방법도 있다.

봄이 되면 산에서 제일 먼저 꽃을 피우는 나무가 생강나무다. 얼핏 보면 노란색 꽃이 산수유꽃과 비슷하게 보이지만, 자세히 보면 서로 다르다. 생강나무는 산에서 자생하는 나무이고, 산수유는 열매 수확을 목적으로 밭에서 재배하는 나무인지라, 볼 수 있는 장소도 다르다.

★ 생강나무 꽃차 만들기

· 3월경 생강나무에 꽃이 피면, 너무 활짝 피지 않은 꽃으로 골라 솎아 주듯이 따준다.
· 깨끗이 손질한 꽃은 그냥 그늘에 말려 써도 되지만, 혹시 벌레가 있을지 모르니 김이 오른 찜솥에 30초 정도 쪄서 그늘에 말린

다.

· 잘 마른 꽃차는 밀폐용기에 보관하며 차로 이용한다. 이때 꽃차
가 눅눅해지지 않도록 습기제거제를 넣어두면 좋다.

생강나무 꽃차 만들기

3) 막걸리 빚기

시골생활에서 잔 재미 중 하나가 술빚기이다. 도시에서는 이런저런
이유로 엄두도 내지 못한 일이지만, 내 입맛에 맞는 막걸리를 직접 빚어
먹는 것은 색다른 즐거움이다. 논밭에서 땀 흘려 일하고 출출할 때 새참
과 곁들여 마시면 배도 부르지만 시원하기도 하고 달콤하기까지 하다.
하루 일과가 끝난 뒤, 마을사람들과 모여 마시면 막걸리 한잔에 정이 넘
친다.

막걸리 만들기는 어렵지 않다. 너무 잘 만들려고 하니까 어렵게 느껴

질 뿐이다. 시간이 되면 정성들여 고두밥을 지어도 좋고, 바쁜 일과에 쫓겨 복잡하다 생각된다면, 먹다 남은 찬밥으로 술을 빚어도 된다. 실패가 걱정된다면 일단 적은 양으로 시작해보는 것도 요령이다. 막걸리 발효에 필요한 누룩과 효모는 재래시장이나 가양주 쇼핑몰에서 쉽게 구할 수 있다.

재료 : 쌀 500g(고두밥 혹은 찬밥 1,200g), 누룩 100g(1컵), 효모 1/2 작은 술, 생수 750ml

도구 : 찜솥(고두밥용), 광목천(모시천), 큰 그릇, 발효통 4~5리터(항아리, 숨 쉬는 유리용기, 플라스틱용기 모두 가능), 고무줄, 체 (또는 거름망), 감미료

★ 막걸리 빚는 방법

· 씻어서 불린 쌀을 찜솥에 넣고 고두밥을 지어, 25℃ 이하로 식힌다.

· 큰 그릇에 밥과 누룩, 효모, 물을 넣고 잘 섞이도록 10분간 치댄다.

· 재료를 발효통에 넣고 깨끗한 천으로 덮어 고무줄로 묶어준다. 그 위에 뚜껑을 올려둔다.

· 20~25℃가 유지되는 실내에 두고 발효시킨다. 이때 바닥에서 냉기가 올라오지 않도록 밑에 수건 등을 깔아준다.

· 처음 3일간은 매일 아침저녁으로 저어줘 발효를 돕는다. 이후에는 저어주지 않아도 거품이 일며 빠르게 발효가 진행된다.

· 발효기간은 환경에 따라 다를 수 있는데, 발효 시작 후 7~12일 정도면 끝이 난다. 발효통 내부에서 가스가 발생해 뽀글거리는 소리가 나다가, 그게 없어지면 발효가 끝났다고 생각하면 된다.

· 위와 같은 방법을 단양주라고 하는데 밑술과 덧술로 나누어 술을 빚는 '이양주'는 실패확률이 낮고 술맛도 더 좋다.

★ 막걸리 거르기

발효가 끝나면 체나 거름망에 넣어 주물러 짠다. 이때 걸러낸 술과 1:1 비율로 생수를 더 넣어 주물러 짜면 알코올 6~7%의 막걸리가 만들어진다. 걸러낸 술은 냉장고에서 하루 이상 숙성해서 먹어야 더 맛있다.

막걸리는 알코올 함량이 높을수록 쓴맛이 강하다. 단맛을 살리고 쌉쌀한 맛을 없애려면 자일리톨이나 스테비오사이드 같은 비발효성 감미료를 첨가한다. 설탕이나 물엿, 꿀 같은 발효성 감미료는 시간이 지나면 알코올로 발효되기 때문에 단맛이 없어진다.

3) 약초 담금주 만들기

농촌에선 주위를 둘러보면 약초가 지천에 흔하다. 모르면 다 같은 잡초로 보이지만, 사실 알고 보면 몸에 약이 되는 풀과 나무들이다. 누가 씨를 뿌리고 가꾸지 않았어도, 대자연의 품에서 나고 자란 산야초는 자생지에 따라 맛도 다르고 효능도 다양하다. 몸에 좋은 산야초를 오래도록 보관하고, 쉽게 약효를 보는 방법으로 술을 담가두는 것도 좋다.

산야초는 꽃, 잎, 줄기, 열매, 뿌리 등 부위별로 술을 담그는 방법이 다르다. 꽃은 꽃봉오리가 활짝 벌어지기 전에 채취하고, 열매 또한 완전히 익기 전에 채취해 술을 담근다. 뿌리는 어린 것 보다는 묵은 뿌리를 캐서 써야 약효가 더 좋다.

채취한 재료는 잘 씻어 말려서 술을 담그는데, 담금주에 사용하는 술은 변질을 막기 위해 알코올 도수가 높은 것을 선택한다. 기호에 따라 25~35도의 술을 사용하는데, 생재일 경우 술과 약초의 비율을 3:1로 하면 적당하다. 건재는 술과 약초를 5:1로 넣어도 좋다. 담금주는 직사광선을 피하고 서늘한 곳에 보관한다.

★ 매실주 담그기

재료 : 매실 열매, 담금주용 소주(30도)
  · 매실 열매는 꼭지를 딴 후 깨끗하게 손질하여 세척한 후 그늘에서 말려 물기를 제거한다.
  · 술을 담글 용기에 매실 열매를 50% 정도 넣고, 나머지를 술로 채운다. 열매에 수분이 많으니, 담금주용 술을 30도 이상으로

사용하는 게 좋다.

· 기호에 따라 설탕을 넣기도 하며, 3개월 후에 재료를 걸러내고
6~12개월 정도 숙성해야 맛도 좋고 약성도 좋은 술이 된다.

3. 정원 가꾸기, 텃밭 만들기

꿈에 그리던 귀농생활을 하면 누구나 관심 갖게 되는 것이 마당 꾸미기와 텃밭 가꾸기이다. 마당을 멋지게 가꾸고 싶은 욕심은 귀농인이라면 가장 먼저 갖는 마음이다.

빈집을 얻어 사는 경우엔 기본적으로 마당이 꾸며져 있어 크게 손이 들어 갈 일이 없다. 오래된 나무가 마당에 있는 경우도 있어 바라만 봐도 뿌듯하다. 그러나 새로 집을 짓는 경우엔 대부분 농지나 임야를 전용하여 짓게 되므로 마당이나 정원 꾸미는데 상당한 비용과 시간, 노력을 투자하기 마련이다. 비싼 돈을 들여 큰 나무를 사다 심을 형편이 안 되면 작은 나무를 심어 정성껏 가꾸면 된다.

처음엔 마음이 앞서 나무와 풀 가리지 않고 많은 것을 심게 되는데 한 해 두 해 쌓이면서 관리의 요령이 생기면 그 가짓수도 줄어들게 되고 꼭 필요한 것만 남겨두게 된다.

파종하면 1~2년 만에 꽃을 볼 수 있는 풀과 달리 나무는 키우는데 상당한 공력이 들고 비용도 만만치 않다. 나무를 구하는 방법은 5일장과 같은 시골 장터에서 묘목을 사다 키우는 방법이 가장 손쉬운 방법이다. 과일나무나 상록수, 관상용수 등 다양한 것을 구입할 수 있다.

또 다른 방법으로는 매년 봄에 지자체나 관공서, 산림조합 등에서 나무시장을 여는 경우가 있는데 이때를 이용하면 다양하고 품질 좋은 나무들을 저렴하게 구할 수 있다. 단, 나무시장까지 가는 발품을 팔아야 한다.

산림조합 나무 시장 문의하기

서울인천경기지역본부	031) 8033-6102
강원지역본부	033) 255-5458
충북지역본부	043) 276-4602
대전·세종·충남	042) 341-1105
전북	063) 244-5101
광주·전남	062) 954-0070
대구·경북	053) 957-7990
부산·울산·경남	055) 284-3431
제주	064) 712-9211

귀농하여 요령이 생기면 제법 크고 좋은 나무를 무료로 구할 수도 있다. 사정이 있어 나무를 베어내야 할 상황이 이웃에 생기는 경우가 종종

있는데 이때 나무를 옮겨 오는 경우가 대표적이다. 큰 나무는 인력으로 어려워 트랙터나 굴삭기 등의 장비가 필요하기도 한데 이때도 적잖은 비용이 든다. 또 나무 분을 뜨는 기술이 없으면 전문가를 불러서 분을 떠서 이식을 해야 하는데 이것도 나뭇값 외에 드는 비용이다. 그렇지만 나무 전문가에 주는 돈을 아까워하면 안 된다. 크고 좋은 나무를 얻었는데 잘못 심어서 죽게라도 되면 그 아까움은 이루 말할 수가 없기 때문이다. 또 나무 농사를 짓는 이웃으로부터 나무를 얻는 경우도 있다. "새로 집을 지었으니 내가 선물로 나무 한 그루 줌세"하는 식이다. 간혹 산에서 나무를 캐 와서 옮겨 심는 사람도 있으나 남의 땅에서 나무를 캐는 건 엄연한 범법 행위이므로 주의해야 한다.

꽃을 좋아하는 사람은 꽃나무를, 과일을 먹고 싶으면 과실수를 심으면 되지만 사시사철 항상 푸름을 잃지 않는 소나무나 주목 같은 상록수는 정원 꾸미는데 있어서 일등공신이다.

1) 나무 심기

나무 심는 날인 식목일은 4월 5일이다. 식목일을 4월 5일로 지정한 것은 1946년인데 그때와 달리 지금은 지구온난화 등의 문제로 날이 일찍 따뜻해져 그만큼 나무를 일찍 심는 편이다. 공공기관이나 단체 등의 식목행사도 4월 5일 전에 하는 경우가 많다. 결론부터 말하면 땅이 얼기 전의 가을과 땅이 녹은 이른 봄이 나무 심기 적당한 시기이다.

*나무시장에서 구입한 나무들은 뿌리가 잘 활착할 수 있도록 꼭 필요한 가지만 남기고 아낌없이 제거하는 게 좋다. 처음부터 꽃을 보거나

열매를 따먹을 생각 하지 말고 일단은 나무를 살리는 데 의미를 두어야 한다.

＊나무를 심은 뒤에는 물을 충분히 주어야 하고 인위적으로 발로 밟아서 나무 위 흙을 덮어줄 것이 아니라 물이 스며들면서 덮이도록 하여야 한다. 나무를 심은 뒤에 검정색 비닐 멀칭 등으로 토양의 수분 손실을 막아주어도 좋다.

＊강한 바람에 기울어질 염려가 있을 정도의 크기를 지닌 나무라면 반드시 지지대를 해주어야 무사히 뿌리를 내릴 수 있다.

＊나무를 심은 직후에는 비료나 퇴비를 주어서는 안 된다. 충분히 땅에 적응이 될 때 주는 게 좋다. 나무를 옮겨 심으면 처음 만나는 토양 때문에 나무가 몸살을 앓기 마련이다.

간혹 큰 나무를 얻게 되는 경우도 생긴다. 나무는 공짜지만 옮겨 심는 비용이 제법 들어가는 경우가 비일비재하다. 잘 자라고 있는 나무를 캐서 자리를 옮긴다는 것은 참 조심스러운 일이다. 잘못하여 죽기라도 한다면 들어간 비용은 둘째고 오랜 시간 살아온 나무에게도 아주 죄스럽다. 그러니 방법을 모른다면 아예 전문가에게 의뢰하는 것이 좋다.

나무를 옮길 때는 뿌리가 감싸고 있는 흙까지 옮겨야 한다. 그래서 둥그렇게 분을 뜨는데 세심한 주의와 인내심을 필요로 한다. 분 뜨는 방법은 나무마다 조금씩 다르지만 일반적인 원칙은 비슷하다. 나무 굵기의 3~5배 크기로 나무 주위의 땅을 판다. 삽의 오목한 부분이 작업자 방향으로 오도록 삽을 거꾸로 하여 둥그렇게 파는데 전지가위나 톱을 이용하여 넓게 퍼진 뿌리를 조심스레 잘라가면서 분을 만든다. 이동 중에 흙이 떨어지지 않도록 새끼줄이나 시중에서 판매되는 마대, 마끈 등으로 뿌리분 둘레를 감싸서 옮긴다. 나무가 크건 작건 무리하게 잡아당겨서 나무를 뽑게 되면 나무 조직이 손상되기 때문에 아무리 잘 옮겨 심어도 산다는 보장이 없다.

2) 삽목(꺾꽂이)하기

풀은 나무에 비해서 손이 덜 간다. 화분이나 포트 채 구입한 초본류라면 그대로 심고 물을 충분히 주면 잘 적응하여 산다.

초본류, 목본류 가리지 않고 삽목으로 풀과 나무를 증식할 수 있다. 삽목이란 잎이나 줄기, 뿌리 등의 일부를 절취하여 흙에다 심은 후 뿌리가 생기게 하여 완전한 독립 개체를 얻는 방법이다. 원래의 풀과 나무를 그대로 놔두고 새롭게 복제할 수 있다는 게 매력이다. 게다가 씨앗으로 번식한 것에 비해 개화나 결실도 빠르고 동시에 여러 개체를 끝없이 복제시킬 수 있다는 게 장점이다. 다만 모든 식물들이 다 삽목이 되는 건 아니고 삽목 재배가 가능한 것들이 따로 있다는 것이 아쉬움이다.

무화과나무는 삽목이 잘 되는 대표적 나무다. 가지를 10cm 가량 잘라서 흙에다 심고 한동안 물을 자주 주면 금세 잎이 나온다. 포도나 키위 같은 덩굴성 식물도 대표적 삽목 재배 작물이며 고소득 작물로 인기를 끌었던 블루베리도 삽목으로 재배가 가능한 작물이다.

모체(母體)에서 절취한 가지는 물에다 담갔다가 옮겨 심는데 이때 물에다 뿌리 생성을 돕는 발근제를 넣어 성공률을 높이기도 한다. 삽목에 유리한 흙은 수분을 잘 머금으면서도 배수가 잘되고 통기가 잘 되어야 하며 거름기가 없어야 한다. 모래나 마사토가 좋은데 물을 자주 주어야 한다. 절취한 가지를 흙에다 꽂을 땐 절단면을 사선으로 베어 접촉면을 넓혀주는 것도 요령이다.

★ 포도의 삽목법
- 포도의 1년생 가지를 눈이 2-3개 들어가도록 자른다.
- 가지 제일 위쪽 눈만 남기고 아래 눈은 깎아 버린다.
- 위쪽 눈이 나오도록 땅에 심고 물을 충분히 준다. 볏짚으로 덮어 수분 증발을 막는다.
- 봄에 삽목을 하면 가을 쯤, 뿌리가 생성되고 줄기가 자라나 독립된 개체로 성장한다.
- 기타 삽목이 잘되는 나무들 : 개나리, 진달래, 동백, 치자, 천리향, 주목, 향나무, 은행나무 등

삽목한 무화과가 잘 자라서 이식을 해도 될 정도가 되었다.

3) 텃밭 가꾸기

　도시와 달리 농촌은 기본 대지 면적이 넓기 때문에 집 주위에 텃밭을 가꾸는 경우가 많다. 특히 쌈채소나 토마토, 고추, 옥수수, 고구마 등의 작물은 안 심는 집이 없을 정도로 인기 품목이다.

　텃밭은 집 마당 한 켠이나 집 주위에 있어야 한다. 조금만 멀리 떨어져 있어도 관리하기가 쉽지 않아 고생한 만큼 결과를 얻기 힘들다. 마당 한 켠의 텃밭은 텃밭이기 전에 정원 역할도 하기 때문에 정성스레 가꾸면 집 주위의 전체적인 분위기도 좋아진다.

　텃밭에 심는 작물은 목적에 따라 그 양을 확실하게 구분하여야 한다. 판매용이 아니고 자급자족이 목적이라면 먹을 만큼 조금만 심는 게 포인트다. 종자가 많다고 다 심으면 재배 면적도 많이 차지할뿐더러 수확 후 팔기엔 양이 턱없이 부족하고 먹기엔 남아도는 일이 발생한다. 따라서 텃밭의 구역을 정해서 조금씩, 다양하게 심는 게 좋다. 보통 가정에서 많이 심는 작물은 다음과 같다.

★ 봄 식재 작물

　쌈채소, 대파, 오이, 감자, 옥수수, 콩, 호박, 고추, 토마토, 참외, 고구마 등

★ 여름 식재 작물

　당근, 김장 배추, 김장 무, 쪽파

★ 가을(겨울 전) 식재 작물

마늘, 양파, 시금치

작물에 따라서는 멀칭을 해주어야 하는 것(감자, 고추, 토마토, 고구마 등)이 있고 미리 포트에 모를 내서 옮겨 심어야 하는 것(고추, 오이, 고구마 등)도 있으며 집 주위 놀리는 땅에 심어야 하는 것(콩, 옥수수 등)도 있다. 동네 어른께 조언을 구하면 도움도 되고 어른들도 좋아 하신다.

종자나 모종은 어디서 구할까? 가장 손쉽게 접할 수 있는 곳은 시장이다. 특히 장날에 나가면 온갖 모종과 씨앗을 파는 상인들을 만날 수 있다. 봄철에는 모종과 묘목 장사가 제법 짭짤하다고 하여 한시적으로 모종 장사를 하는 사람도 많다. 지역에서 구하기 어려운 희귀한 것은 인터넷을 통해서 구하는 방법도 있다. 인터넷에서는 팔지 않는 것이 거의 없을 정도로 품목도 다양하고 포장 배송 기술도 발달했다.

이웃으로부터 구하는 방법도 있다. 규모 있게 농사를 짓는 집에서는 밭에 심고 남는 모종들이 있기 마련이다. 이런 것들을 얻어서 심어도 된다. 어차피 텃밭이라 조금만 있으면 되니 이웃만 잘 사귀어놓으면 쉽게 얻을 수 있다. 작년에 받아놓은 씨앗을 나눠주는 경우도 있다. 번식이 잘 되는 꽃이라면 꽃도 서로 나눠 심을 수 있다. 받기만 하는 게 아니라 주기도 하니 바로 사람 사는 이웃의 매력이다.

텃밭 재배에 있어 관건은 잡초 관리이다. 잡초를 잡지 못하면 텃밭이 즐거움이 아니라 스트레스로 인해 귀농생활의 적이 된다. 발아억제제와 제초제를 적절하게 활용하여 잡초를 잡는 것이 잡초관리의 요령인데 건강한 먹거리를 위해 농약을 치지 않을 것이라면 그만큼 부지런히 텃밭에 시간을 투자하여야 한다. 틈나는 대로 잡초를 뽑아주고 제초제와 살충제 대신 친환경적으로 방제할 수 있는 방법을 공부하고 연구하여야 한다.

텃밭을 가꾸며 느끼는 수확의 즐거움

4. 반려동물과 가축 키우기

농촌에서 동물을 키우는 것은 정서적 측면에 큰 도움이 될 뿐 아니라 집을 지켜주는 나름대로의 역할도 하고 고기나 계란 등을 얻을 수도 있다.

도시에서도 개나 고양이 같은 반려동물을 키울 수는 있지만 순전히 인간 중심의 환경이라 개나 고양이에게 그리 쾌적한 여건은 아니다. 자연환경이 좋은 농촌에서 키우는 것과 천지 차이다. 뿐만 아니라 닭이나 오리, 염소 같은 동물도 키울 수 있는 곳이 바로 농촌이다.

반려동물이나 가축을 키울 때는 이웃집이나 남의 농사 작물에 피해가 가지 않도록 주의를 해야 하며 질병으로부터의 보호 등 세심한 관리를 하여야 하고 또, 암컷일 경우엔 임신, 출산에 따른 대책 마련도 있어야 한다.

1) 귀농생활의 필수, 개

농촌에서 많은 귀농인들이 필수적으로 키우는 반려동물이 개다. 그것도 중형견이나 대형견을 선호한다. 진도개나 진도개와 비슷한, 혈통을 알 수 없는 다양한 개들이 인기를 끈다. 그 이유는 바로 집을 지킬 수 있기 때문이다.

낯선 이가 오면 짖고 외진 곳에서는 산짐승들도 쫓아내니 참으로 듬직하다. 또한 한가할 때에는 마당에서 큼지막한 반려견과 함께 놀고 같이 산책도 다니곤 하는데 이런 반려견이 있는 생활은 평소 꿈 꿔왔던 농촌의 로망 그대로이다. 소형견도 많이 키우는데 도시에서처럼 집안에서 키우는 경우는 매우 드물다. 개를 실내에서 키운다는 것이 농촌의 정서에 맞지 않을뿐더러 실내보다 환경이 더욱 좋은 자연이 있기 때문에 보통은 야외에서 키우기 마련이다.

귀농인들은 처음엔 개를 풀어 놓고 키우지만 시간이 지나면서 자의반 타의반 묶어 놓고 키우게 된다. 이웃집에 피해를 주는 경우가 대부분이고 관리 상의 어려움도 무시 못하기 때문이다. 이웃에 피해를 주는 경우는 이웃집에 돌아다니면서 그 집의 경비견을 짖게 만들어 집주인의 신경을 곤두서게 하는 사소한 것에서부터 남의 집 밭작물을 훼손하는 경우도 있다. 이웃집 닭을 몰살시키는 경우도 심심찮게 터지는 농촌의 반려견 사건 뉴스다. 심지어는 남의 집 예쁜 정원이나 마당에 변을 보고 돌아다니는 경우도 있다. 피해를 본 지역주민의 표현을 여과 없이 그대로 빌자면 '총으로 쏴 죽이고 싶다'고 할 정도로 스트레스를 받는다고 한다.

농촌에서 가장 많이 키우는 반려동물, 개

　아주 드문 일이지만 일부 지역민들이 야생동물로부터 밭작물을 보호하기 위하여 불법으로 놓은 덫에 반려견들이 걸려들기도 한다. 떠돌이 개로 인해 피해를 심하게 보는 지역민들 중에는 고기에다 제초제 같은 약을 넣어 길목에 놔두기까지 할 정도이다.

　마을에서 떨어진 외딴집 같은 경우라면 이웃에 피해를 주는 경우는 덜하겠지만 산속으로 자유롭게 돌아다니는 바람에 야생 진드기로부터 피해를 입기도 한다. 여러가지 이유로 요즘은 대부분 농가에서 묶어 키운다.

　도시나 농촌이나 반려견에 대한 건강은 견주가 스스로 체크해야 하는데 야생동물과의 충돌 위험이 있는 농촌에서는 특히 더 광견병이나 심장사상충 같은 질병에 대한 예방에 철저해야 한다.

　도시에서 강아지는 견종에 따라 꽤 비싼 값에 팔리기도 하지만 농촌의 정서는 이와 다르다. 아무리 비싼 견종이라할 지라도 농촌에서 태어난 강아지는 새끼 낳으면 그저 이웃집에 인심 쓰듯 한 마리 줄 정도 대접밖에 받지 못한다.

2) 계란도 얻고 고기도 먹고, 닭

개와 함께 가장 많이 키우는 동물은 닭이다. 병아리를 사오는 곳은 대개 5일장인데 면역력이 약해 원인 모르게 죽는 경우가 종종 있다. 그래서 "닭 사오면 사료에 마이신부터 섞어 먹여야 해"하고 충고를 하는 지역주민들이 있을 정도다.

닭 키우는 재미는 뭐니뭐니 해도 알 얻는 재미다. 아침마다 싱싱한 유정란을 받아서 식탁을 풍요롭게 하는 건 농촌 생활의 즐거움이다. 물론, 계란값 보다 사료값이 더 들어가 경제적인 이득을 얻는 건 아니다. 그렇지만 믿을 수 있는 계란에, 정서적인 측면까지 더하면 충분히 남는 장사다. 어지간한 음식 쓰레기도 닭이 해결해 주니 이 또한 장점이다. 그리고 귀한 손님이 오면 닭을 잡아서 백숙이나 닭볶음탕을 해 먹을 수도 있다. 오랜 세월 농촌에서 생활한 지역주민들은 닭을 직접 잡는 일이 일상화되어 있다. 살생을 싫어하거나 닭 잡는 일이 어려우면 면소재지 닭집에 가서 잡아달라고 부탁하면 된다.

단점도 있다. 닭장이 안방과 가까우면 새벽잠을 설치는 수가 있다. 수탉이 시도 때도 없이 울어대기 때문이다. 익숙하지 않은 사람에겐 새벽 닭울음이 큰 공해가 될 수도 있다. 또한 닭장을 정기적으로 청소를 해주어야 냄새가 많이 나지 않는다. 깨끗한 환경에서 자란 닭이어야 계란도 건강할 것 아닌가.

닭을 키우면서 생각해볼 문제가 하나 있다. 사료를 먹인 닭과 자연 속의 풀을 먹인 닭 중에서 어느 것이 사람 몸에 유익할까? 두말할 필요 없이 풀을 먹인 닭이다. 풀을 먹여 키운 닭이 사람의 건강을 지킨다는 연구결과도 있다. 그래서 방사하여 키우는 닭의 인기가 높다. 닭을 키운다면 방사하여 키우는 방법도 고려해 볼 필요가 있다. 방법은 두 가지가 있다. 먼저, 뒷산과 같이 넓은 임야가 있다면 넓게 울타리를 치고 제한된 공간 안에서 닭을 키우는 방법이 있고 두 번째 방법은 닭장에 가두어 놓고 키우다가 낮에는 닭장 문을 열어 풀어 놓는 방법이다. 닭장 문을 열어 놓으면 닭들은 닭장에서 나와 자유롭게 돌아다니며 먹이 활동을 한다. 그러다가 해 질 녘이 되면 다시 닭장 안으로 들어가 잠잘 준비에 든다. 닭장 안에서 생활하다보면 닭장 안이 가장 안전하다고 생각되어 어두워지기 전에 제 발로 찾아드는 것이다. 물론 어느 경우든 야생의 포식자에게 잡아먹히는, 어느 정도의 불상사는 감수해야 한다. 심지어 날짐승이 낚아채가는 경우도 있을 정도다.

닭 키우는데 재미를 들이다보면 번식에도 관심을 갖기 마련이다. 보통은 인공부화기를 이용하여 손쉽게 알을 부화시키는데 자연부화를 통해 번식을 시키는 것도 재미가 있다. 일반 시장에서 산 닭들은 알을 품지 않는 경우가 많다. 닭장에서 사육되니 본성을 잃고 만 것인데 토종닭이나 오골계 같은 야성이 강한 닭들은 알을 잘 품는 편이다. 자연부화한 닭의 병아리를 구해서 키우는 것도 하나의 방법이다.

가끔 오리를 키우는 경우도 있다. 오리고기가 건강에 좋다고 알려진데다가 오리가 잡식성이라 가정에서 발생한 음식물 쓰레기를 사료로 재활용할 수 있다는 장점이 있다. 반면에 울음소리가 크고 사료를 많이 먹는다는 건 단점이다.

3) 조용하고 애교만점, 고양이

호불호가 갈리기로 고양이만한 반려동물도 없을 것이다. 좋아하는 사람은 스스로를 '집사'라 자처하며 고양이를 잘 모시고 있지만 싫어하는 사람은 고양이라면 질색을 한다.

고양이를 싫어하는 귀농인도 집 주위에 들끓는 쥐를 퇴치하기 위해 고양이 새끼를 데려와 키워보는데 평소 몰랐던 고양이의 매력에 흠뻑 빠져 고양이 예찬론을 펼치기도 한다. 고양이의 귀여운 몸짓과 표정은 강아지의 그것과는 또 다르다. 물론, 고양이를 키우면 집 주변의 쥐나 뱀 출현이 감소하는 효과도 볼 수 있다.

고양이의 매력이라면 스스로 뒤처리를 하기 때문에 키우기가 깨끗한 편이다. 흙에다 용변을 본 후 아무도 모르게 그걸 덮고 자리를 뜨는 건

개와의 결정적 차이다. 그래서 인공모래만 준비해 놓으면 실내에서도 청결하게 키울 수 있다. 반면에 털관리에 어려움이 있다. 고양이의 털은 짧은 편이지만 잘 빠져서 환경관리, 건강관리에 특별히 신경 써야 한다. 농촌에서는 보통 새끼 고양이를 분양 받으면 1개월 가량 실내에서 키워 인간과의 친밀감을 맺어놓고 그 후에는 실외에서 키우는 걸 권장할 만 하다.

고기를 얻기 위해 키우는 닭과 달리 개나 고양이는 새끼가 생겨도 쉽게 분양이 안 되는 수가 있다. 특히, 고양이는 아버지가 누군지도 모르는 새끼를 낳아 놓고, 낳아 놓기 무섭게 또 새끼를 배곤 한다. 정말 왕성한 번식력이다.

강아지는 키우겠다는 사람이 많은 편이지만 고양이는 새끼 분양시키는 것도 큰 부담이다. 비용이 들긴 하지만 중성화수술만이 해결책이다.

집 주변의 쥐를 퇴치해 주는 고양이는 귀여운 매력을 가졌다.

사례24 노련한 닭장수, 어설픈 귀농인

초보귀농인 강씨가 면소재지에서 열리는 5일장에 나갔다. 닭을 사서 키워보려는 게 목적이었는데 오리 새끼도 있어서 오리도 키워보기로 했다. 몇 마리를 키우는 게 적당할지 몰라 망설이고 있는데 장사꾼이 "열 마리 정도 드려요?"하길래 "그래요. 뭐. 그 정도 줘보세요."하고 대수롭지 않게 말했다. 오리 새끼가 작은데다가 가격도 그리 크게 부담없고 또 키우다보면 죽는 것도 있을 성 싶었기 때문이다. 지나가는 말로 가격이나 좀 깎아 달랬더니 장사꾼은 그건 어렵고 한 마리 더 주겠노라 하였다. 그렇게 강씨는 11마리나 되는 오리 새끼를 병아리 대여섯 마리와 함께 가지고 와서 키웠다.

사태의 심각성을 깨닫는 데에는 얼마 걸리지 않았다. 병아리는 병들어 죽기도 하였는데 오리 새끼는 건강하게 잘 자랐다. 강씨는 닭이나 오리에게 사료를 구입해서 먹였는데 오리의 먹성은 닭과 비교가 되지 않을 정도로 왕성하였다. '폭풍흡입'이라는 유행어는 오리를 보고 만든 말일 것이라는 생각까지 들었다. 또한, 시끄럽기는 얼마나 시끄러운지. 시끄럽고 지저분하고 사료값도 많이 들었다. 강씨는 오리 개체수를 줄이기로 마음먹었다. 덕분에 강씨집에 놀러온 도시 지인들은 한동안 맛난 오리요리를 맛볼 수 있었다.

동물 키우는 것이 장점만 있는 건 아니다. 동물을 키우는 것은 그만큼 책임감이 뒤따르는데 매일 먹이를 줘야 해서 오랫동안 집을 비울 수 없다는 것은 큰 불편함이다. 이럴 때 필요한 것이 이웃이다. 오래 집을 비울 경우엔 이웃에게 먹이 주는 것을 좀 부탁할 수 있다.

또한 반려동물 때문에 이웃과 싸움이 나기도 한다. 이웃에 피해를 주는 경우가 종종 있기 때문이다. 특히 개가 문제 되는 경우가 많다. 이웃집 텃밭을 망가뜨리거나 남의 집 마당에 배설을 하는 경우, 심지어 남의 닭을 물어 죽이는 경우도 있다. 예방책은 하나뿐이다. 도시나 농촌이나 개는 묶어서 키워야 한다. 물론, 농촌까지 와서 반려견을 묶어놓고 키우는 것이 가슴 아픈 일이겠지만 오랫동안 평화롭게 공존하기 위한 유일한 방법이다.

사례25 개싸움이 이웃싸움

김씨는 최씨 집 옆에다 새로 집을 지었다. 그리고 성격 활달하다는 중형견 한 마리를 키웠다. 예쁘기로 이름난 견종이라 이웃인 최씨도 좋아했다. 그래서 만나면 건빵도 주면서 예뻐했다. 최씨는 제법 사나운 진도개를 마당에 묶어 놓고 키웠다. 그런데 최씨의 사랑을 기억하고 있던 김씨네 중형견이 곧잘 최씨네 집으로 마실을 나갔다. 그럴 때면 영역을 침범당한 최씨네 진도개가 사납게 짖어댔다. 그러면 집주인인 최씨가 '무슨 일이지?'하며 밖을 내다볼 수밖에 없다. 아무일 아닌 일에 자꾸 신경을 쓰게 되자 최씨는 김씨에게 개를 묶어 키웠으면 하는 뜻을 내비쳤다.

예쁜 반려견을 풀어놓고 키우고 싶었던 김씨는 그날로 중형견을 묶었다. 그렇게 평화가 오는가 했는데 또 다른 문제가 생겼다. 최씨네가 새로 소형견을 데려와 키우기 시작했는데 그 소형견이 매일같이 김씨네 마당 한복판에 배설을 하고 가는 것이 아닌가. 김씨는 최씨네 소형견을 볼 때마다 화가 나서 돌을 집어 던지지만 소형견은 약 올리듯 도망가고 만다. 개 때문에 두 이웃 간에 감정이 상하게 된 건 두말할 필요가 없다.

사례26 닭 울음소리도 못참아!

이씨는 서울에서 갓 내려온 신참 귀농인이다. 이씨 옆에는 역시 내려온 지 2-3년차 되는 귀농인 박씨가 살고 있었다. 서로 귀농인 입장이라 서로 이해하고 도우며 잘 살고 있었다. 문제는 박씨가 닭을 키우겠다며 닭장을 지으면서 생겼다. 두 집이 붙어 있었는데 이씨 집을 향해 닭장을 지은 것이 문제의 발단이 되었다. 수탉이 시도 때도 없이 울어대면서 아침잠이 많고 성격이 예민한 이씨의 단잠을 매일 깨우게 된 것이다. 하루, 이틀…… 한번 신경을 쓰기 시작하니 더욱 신경에 거슬려 날이 갈수록 신경이 곤두서게 되었다. 참다못해 박씨에게 사정을 이야기했는데 박씨는 "시간이 지나면 익숙해질 것이다"라는 말 뿐이었다. 결국 수탉의 울음소리 때문에 이씨와 박씨는 사이가 멀어지고 말았다.

사례25의 경우는 농촌에서 흔하게 발생할 수 있는 일이다. 결국 개를 묶어 키우는 길밖에 없다.

사례26의 경우는 시원한 해결책이 없다. 농촌에서 수탉의 울음소리나 개 짖는 소리는 소음공해로 인정하지 않는다. 스스로 적응하는 길밖에 없는데 성격이 예민하니 문제가 되는 것이다. 서로 대화를 통해 도움을 요청해보는 것이 유일한 방법이다.

가끔 고양이도 사고를 치기도 한다. 고양이는 호기심이 많고 높은 곳 오르기를 좋아하는데 키우던 고양이가 옆집 비닐하우스 위를 자꾸 올라가서 눈물을 머금고 고양이를 다른 곳으로 보낸 이웃의 사례가 있다. 날카로운 고양이 발톱이 비닐하우스에 구멍을 내는데 아무리 좋은 이웃이라도 가만있을 리가 없잖은가.

농촌에서 키우던 개나 고양이가 새끼를 낳으면 서로 무료 분양하는 것이 보통의 정서다. 그런데 간혹 비싼 품종의 개를 키우면서 소득 목적으로 번식, 분양할 계획을 갖는 귀농인들이 있다. 전문적인 사육농장이라면 당연한 사업 아이템이 되겠지만, 일반 가정에서 그리 키워서 돈을 벌겠다는 것은 농촌의 정서와 거리가 멀다.

5. 전원생활의 훼방꾼들, 모기와 뱀 그리고...

꿈에 그리던 전원생활. 마당에 널따란 평상 놓고 밤하늘의 별을 세며 수박이라도 쪼개 먹겠노라 아니면 바비큐 파티로 저 달이 떴다 지도록 놀아보겠노라 소박한 꿈을 꾸고 있겠지만 현실에선 작은 걸림돌들이 있다.

우선 우리 농촌의 웬만한 지역에는 모두 모기가 있다. 모기향을 피워 놓아도 달려드는 모기는 감당할 수 없다. 물론 살다보면 어느 정도 면역도 생기고, 모기 쫓으며 수박 쪼개 먹을 수 있는 여유도 생기지만 아파트 안에서 생활하던 도시인들에겐 만만찮은 고난이다. 어디 그 뿐인가 유연자적 살겠다며 고무신 신고 지내다가 뱀에라도 물린다면 그야말로 위급 상황이다. 옛날 집들은 뱀이 부엌이나 창고 같은 집 안에까지 들어오는 경우도 생긴다. 가끔 여성들 중에는 뱀보다 쥐를 더 무서워하는 사람도 있다. 쥐는 집 안과 마당을 가리지 않고 출몰한다. 우습게 봤던 말

벌이나 진드기도 위험한 존재들이다.

기본적으로 농촌 아니 자연에서의 삶은 공존의 삶이다. 해충을 적당히 쫓아내며 건강한 생태계를 유지하면서 사는 게 자연 속 삶의 지혜이다.

1) 모기

언젠가 뉴스에 보도되길 세계에서 가장 위험한 동물 1위가 바로 모기라고 한다. 우리나라 사람들은 실감하지 못하겠지만 매년 모기로 목숨을 잃는 사람이 100만 명 이상이 된다고 세계보건기구는 경고하고 있다. 3,500여 종의 모기 중에서 흡혈 모기만 해도 200여 종. 다른 동물은 몰라도 모기와의 공존은 어려워 보인다. 뎅기열, 황열, 말라리아, 일본뇌염 그리고 최근 세계인들을 공포에 몰아넣은 지카바이러스도 결국 모기가 문제다.

모기는 예방이 중요하다. 집 주위의 수로나 웅덩이, 정화조 같은 고인물에 모기가 살지 못하도록 방제를 한다. 미꾸라지 투입과 같은 생물적 방제법도 있고 방제약을 뿌리는 화학적 방제법도 있다. 화학적 방제보다는 친환경 방제가 좋은데 집 주위에 모기가 기피하는 식물을 심는 것이 대표적 사례다.

구문초, 야래향, 캣닢, 바질, 라벤더, 로즈마리, 레몬밤 등이 효과가 있다고 알려져 있다. 제주도 모 캠핑장에서 실제로 모기 기피 식물로 큰 효과를 본 사례가 있다.

주거환경 방제는 면사무소에서 소독차를 운영하면서 일괄 작업을 해

주는데 지역에 따라서 상태가 심해 직접 방제를 하겠다고 민원인이 찾아가면 방제약을 내주는 곳도 있다. 그럼 방제약을 약통에 넣어 직접 취약지점에 분무하면 효과가 있다.

밭에서 일할 때에는 겉옷에 모기 기피제를 뿌리면 많은 도움이 된다. 여름철 날씨가 더워도 긴 팔이 더 낫다. 모기나 해충으로부터 보호할 뿐 아니라 뜨거운 태양으로부터 피부 손상을 막아주기도 한다. 실내 유입을 막기 위한 방충망은 필수다. 촘촘하고 튼튼한 방충망은 조명으로 인한 날벌레 꼬임 문제까지 해결한다. 시중에는 모기를 유인하여 없애는 모기퇴치기도 판매하고 있다. 원리와 가격에 따라 여러 종류가 있으니 야외활동이 많은 가정이라면 한번 고려해볼 만하다.

2) 뱀

보통의 사람들은 모기보다 뱀을 더 무서워한다. 거주지가 마을 가운데 있는 경우는 사례가 드물지만 산자락이나 밭 주위, 외딴 곳에 떨어진 집들은 일 년에 몇 번씩 뱀과 눈이 마주친다. 연륜이 쌓이고 전원생활에 익숙해지면 도구를 이용해 뱀을 집어서 집 밖으로 던져 버리게 된다. 그렇지만 뱀을 무서워하는 사람은 보는 순간 뱀을 잡으려고 한다. 뱀을 잡아 죽이는 건 원칙적으로 불법이다. 불법 여부를 떠나 자연과 공존하는 삶을 생각한다면 뱀이 가까이 오지 못하도록 하고 왔더라도 내쫓는 것이 현명할 것이다. 기본적으로 뱀은 먼저 공격당하지 않으면 인간을 물지 않는다. 하지만 농사일하다가, 집안 텃밭 정리하다가 또는 한밤중에 길을 걸어가다가 우연히 뱀에게 위해를 가할 수 있다. 그러면 뱀에게 물리기 쉬운데 살모사와 같이 매우 위험한 독사도 있어 조심하여야 한다.

뱀이 꼬인다고 마을 사람들에게 조언을 구하면 주민들이 내놓는 처방은 한결같다. 집 주위에 '풀약(제초제, 살충제)' 좀 하라는 것이다. 실제로 풀이 우거지고 무성하면 뱀과 같이 짐승이 더 꼬이기 마련이다. 항상 집 주위를 말끔하게 정돈하는 습관이 중요하다. 뱀이 집 안에까지 들어온다든지 뱀의 위험이 심각할 정도면 살충제를 활용하는 방법도 있다. 농약사에서 파는 살충제를 구입하여 집 주위에 적당량 뿌려 놓으면 뱀 퇴치에 확실히 도움이 된다.

"뱀? 그거 쉬워. 읍내 농약사 가서 뱀약 사다 뿌려!"

마을 주민들이 대수롭지 않게 이야기하는 '뱀약'이 바로 살충제다. 농사용 살충제이지만 뱀 퇴치용으로도 효과가 있어 쓰이고 있는 셈이다. 개나 고양이를 키우는 것도 도움이 된다. 고양이를 키우다 보면 종종 쥐나 뱀을 잡아서 물고 다니는 것을 목격할 수 있다. 또 개는 뱀이 출몰할 때 크게 짖기 때문에 바로 대응할 수 있다.

뱀에 물렸을 때는 지체 없이 인근 보건소나 병원으로 가야 한다. 독사는 해독치료가 가능한 큰 병원으로 가야 한다. 평소에 뱀 해독제를 보유하고 있는 진료기관을 파악해 두면 도움이 된다. 살모사 외에도 꽃뱀으로 통하는 유혈목이도 독을 지니고 있다. 유혈목이는 개체수도 많아 자주 출몰하니 더욱 주의를 기울여야 한다.

3) 쥐

쥐는 농촌에서 모기만큼이나 흔한 동물이다. 집 주위에, 밭에, 닭장 주위에 쥐의 흔적을 찾는 건 어렵지 않다. 쥐를 쫓기 위해 고양이를 키우는 경우가 있는데 확실히 효과가 있다. 그렇지만 완전박멸 되지는 않는다.

쥐를 효과적으로 잡는 건 '쥐끈끈이'와 '쥐사탕'이다. 쥐는 구석진 길로 일정하게 다니는 습성이 있는데 여기에 강력접착제가 발라진 쥐끈끈이를 펼쳐 놓으면 지나가던 쥐가 걸리게 된다. 네모진 상자에 먹이를 넣어 여기에 들어온 쥐를 잡는 상자형 덫도 효과적이다. 먹이 활동하기 위해 올라온 쥐의 몸통이나 다리를 덮쳐 잡아내는 쥐덫도 있지만 쥐끈끈이만큼 효과는 높지 않다. 또한 쥐덫은 쥐가 아니라 집에서 키우는 반려동물이나 심지어 사람이 걸리는 수도 있어 조심해야 한다. 경험상 가장 효과적으로 쥐를 잡을 수 있는 건 역시 '쥐끈끈이'이다. 그런데 잡혔을 때 그 뒤처리를 깔끔하게 해야 하는데 이것도 여간 성가신 일이 아니다.

쥐사탕은 쥐약이 사탕처럼 생겼다고 해서 붙여진 이름인데 쥐가 자주 출몰하는 길목에 놓으면 쥐가 이를 먹고 안보이는 곳에서 서서히 죽게 되는 만성 쥐약이다.

쥐를 잡아서 없애는 데에는 한계가 있다. 임신기간이 21일에 불과한 쥐는 1회에 8-9마리의 새끼를 낳고 1년에 6-7회 출산을 한다. 게다가 땅을 파고 교묘하게 숨어다닌다. 따라서 쥐가 집 안에 들어오지 못하도록 쥐구멍이나 작은 통로도 시멘트로 완벽하게 막아야 한다. 샌드위치 패널로 지은 집도 쥐에 매우 취약하다. 벽으로 들어가는 경우도 있고 지붕으로 침투하는 경우도 있어서 신축공사 할 때 마감을 완벽하게 해야 한다. 더불어 집 주위를 항상 청결하게 하여 쥐가 활동할 공간을 없애는 것이 무엇보다 중요하다.

4) 벌

가끔 처마 밑에 벌이 집을 짓는 경우가 있다. 또 조그마한 틈을 타고 집 안으로 벌이 들어오기도 한다. 벌에 알레르기가 있는 사람은 벌이 특히 위험하지만 알레르기가 없는 사람도 말벌 종류는 매우 위험하기 때문에 조심하여야 한다.

벌이 처마 밑이나 사람이 많이 오가는 곳에 집을 지었을 때에는 벌집을 제거하여야 한다. 119에 신고를 하면 소방대원이 안전하게 제거를 해 주는 장면을 TV를 통해서 가끔 보지만 농촌에서 벌집 때문에 119신고를 하자니 자존심이 서질 않는다. 실제로 벌집 제거 때문에 119가 출동하였다면 동네 뉴스거리가 될 것이다. 보통은 직접 제거를 하는데 벌에 쏘이지 않도록 주의를 해야 한다. 비상 시를 대비하여 파리용 살충분무기나 이보다 조금 독한 바퀴벌레용 살충분무기를 가정 상비품으로 비치해 놓으면 좋다. 벌이 집을 지은 곳을 향해 분무를 하면 벌을 안전하게 잡을 수 있다. 벌에겐 미안한 일이지만 독이 있는 벌과의 동거가 어렵기 때문에 어쩔 수가 없다.

요즘은 야생 진드기(작은소참진드기)도 위험하다. 야생 진드기로 인한 사망자가 최근 한 해 동안 10~20명씩 꾸준하게 나오고 있어서 주의해야 한다. 특히, 키우는 개나 고양이가 야생진드기에 노출될 위험이 아주 많다. 수시로 피부를 확인하여 진드기가 붙어 있으면 떼어 주는 게 좋다. 증상이 심하면 동물병원에서 파는 진드기 퇴치약을 개나 고양이의 피부에 발라주면 진드기가 떨어진다.

※ 야생진드기와 야생동물로부터 질병 예방하기 수칙

* 풀밭에 눕지 않기, 옷 벗어두지 않기
가능하면 돗자리를 사용하고 돗자리를 청결히 관리한다.

* 풀밭에서 용변 보지 않는다.
밭에서 일할 땐 피부 노출을 최소화 한다.
일상복과 작업복은 항상 구분하고, 작업 후에는 옷을 반드시 털고 집에 들어온다.

* 밭에서 일한 후에는 반드시 샤워를 하고 몸을 깨끗이 한다.

* 풀어놓고 키우는 반려동물은 진드기가 묻어 있을 수 있으니 정기적으로 목욕을 시키거나 묶어 놓고 키운다.

가정용 살충분무기로 벌 퇴치하기

6. 잡초와의 전쟁, 잡초와의 공존

동물은 아니지만 사람을 가장 괴롭히는 것은 시도 때도 없이 고개를 내미는 잡초들이다. '농사는 풀과의 전쟁'이라는 말이 있듯이 제초작업의 성과에 따라 농사의 성패가 갈린다. 농사를 짓지 않더라도 마당이나 정원에 자라나는 잡초는 정말 골칫덩어리다. 그래서 마당을 멋진 잔디밭 대신에 시멘트 포장으로 마감해버리는 집들이 있을 정도다.

정원이나 마당의 잡초 제거는 경작지의 잡초 제거보다 수월한 편이다. 우선 수확할 일이 없으니 제초제 사용에서 조금은 자유롭다. 그리고 매일같이 살펴볼 수 있으니 조금만 부지런 떨면 손으로 제거해도 된다.

먼저 잡초의 정의부터 살펴볼 필요가 있다. 국어사전에는 '잡풀, 가꾸지 않아도 저절로 나서 자라는 여러 가지 풀'이라고 되어 있다. 농촌진흥청 발간 자료에는 '사람이 농사를 지으면서부터 늘 존재하여 왔으며, 잡초라는 개념은 사람의 입장으로 보아 필요에 따라 구별하기 위하여 만들어진 것이고, 사람이 원하지 않는 장소에 발생하는 식물은 모두 잡초라고 할 수 있다'라며 농업인의 시각에서 정의를 내리고 있다.

그런데 잡초 중에는 약초도 있다. 약초라고 하나 둘씩 마당 점령을 허락해주면 금세 잡초밭이 되어버린다. 또 잡초를 친환경적으로 제거하겠노라 예초기라도 돌리다보면 애써 지난 봄에 심어 놓은 나무를 댕강 잘라버리기 일쑤다. 초보자일수록 자주 하는 실수다. 따라서 잡초는 크기가 어느 정도 자라기 전에 뽑아버리는 게 상책이다. 커지면 뿌리째 제거하기도 쉽지 않다.

제초하는 방법은 여러 가지가 있다. 농촌에서 가장 많이 쓰는 방법은 제초제를 사용하여 풀을 제거하는 화학적 방법, 예초기나 호미, 낫 등으로 풀을 베는 물리적 방법, 그리고 그 밖에 친환경 방법 등이 있다.

1) 제초제의 사용

제초용 농약은 크게 두 가지다. 잡초가 자라지 못하게 하는 것과 자란 잡초를 죽이는 것이다. 모든 농약이 그렇듯 제초제도 관리를 잘 해야 한다. 사람에게도 위험하기 때문이다.

잡초가 자라지 못하게 미리 뿌리는 농약은 '라쏘(동부팜한농)'가 대표적이다. 농촌 주민들은 제초제라는 말 대신에 특정 브랜드 이름을 주로 쓴다. 라쏘는 바랭이, 피, 강아지풀, 참방동사니, 쇠비름 등의 주요 밭 잡초가 발아하지 않도록 해준다. 콩, 옥수수, 감자, 고구마, 무, 고추, 양파, 딸기 그리고 여러 특용작물을 재배하는 밭과 과수원 등에서도 사용이 가능한 농가의 필수 상비 농약이다. 입제(가루)와 액체로 된 유제, 두 가지가 있다.

근사미나 스톰프도 농가의 필수품이다. '근사미(동부팜한농)'는 자라고 있는 잡초를 뿌리까지 죽게 만든다. 땅에 뿌리면 곧 토양에 흡수되어 불활성화 되므로 근사미를 뿌린 뒤에 작물을 파종하거나 이식하여도 피해가 없다. 유제를 쓸 경우 라쏘와 근사미를 섞어서 뿌리기도 한다. 중장년층들은 아직도 '그라목손'을 많이 기억한다. 강력한 독성으로 풀을 죽였던 그라목손은 농촌지역의 자살율에 영향을 끼칠 정도로 사회적 문제가 되었지만 2011년 생산 중단되어 지금은 이를 사용하는 것이 불법이다.

제초제를 뿌리는 방법은 등에 메고 쓰는 약통이 대표적이다. 배낭 형태의 분무기인데 농촌에서는 흔히 '약통'이라고 한다. 한 통 가득 채우면 20리터가 들어가며 재질은 플라스틱과 스테인리스 두 가지가 있다. 약통을 사용하여 약을 칠 경우엔 약을 흡입하는 일이 없도록 마스크를 하고 바람을 등지고 치는 것이 좋다. 약통은 제초용과 살충용을 공용으로 쓰지 말고 따로따로 사용할 수 있도록 2개씩 구입하는 것이 좋다. 살충제를 뿌려야할 작물에 강력한 제초제가 든 약통을 쓰면 돌이킬 수 없는 사고를 치게 된다. 물론 깨끗이 씻어서 사용하는 것은 기본이다.

2) 예초기 사용하기

농촌에서 농사를 크게 짓지 않아 농기계 하나 없는 사람도 예초기만은 가지고 있을 정도로 농촌의 필수품이다. 예초기의 사용은 약을 사용하지 않는 대표적인 제초법이다.

예초기는 충전식, 가스식도 있지만 휘발유를 기본으로 하는 엔진식 예초기를 가장 많이 사용한다. 예초기의 원리는 쇠로 된 칼날이 장착되어 있어 이것이 고속으로 회전하면서 풀이나 잔 나무 등을 잘라 버리는 것이다. 안전사고도 많이 일어나는데 칼날이 바닥에 있는 돌과 부딪히면서 돌이 튀어 올라 얼굴 특히 눈에 맞을 경우 큰 위험에 빠지게 된다. 예초기 날 또한 문제가 없는지 수시로 점검을 하여야 한다. 예초기 날이 사람과 직접 접촉할 경우 역시 치명상을 입게 되니 세심한 주의를 기해야 한다.

예초기 안전사고를 예방하기 위한 방법도 있는데 첫째는 칼날을 나일론 줄로 교환하는 방법이 있다. 나일론 줄도 고속으로 회전하면 웬만한 풀들을 모두 잘라낼 수 있으니 제초작업을 해야 할 곳의 잡초 상황이 심하지 않다면 권할 만하다. 두 번째 방법은 예초기 칼날에 안전판을 장착하는 방법이 있다. 칼날과 돌이 직접 닿는 충격을 안전판이 막아주는데 약간 무거운 것이 흠이라 어느 정도 예초기가 익숙해지면 대부분 안전판을 제거하곤 한다. 또 요즘은 예초기의 위험성을 대폭 개선한 다양한 아이디어 칼날이 많이 출시 되었다. 그러나 무엇보다 중요한 예방법은 복장을 제대로 갖추는 것이다. 안면 보호대와 무릎 보호대만 갖춰도 치명적인 부상은 예방할 수 있다. 보통의 지역 농민들은 이런 장비 없이도 능숙하게 작업을 한다. 그래서 보호장비를 갖추고 작업하는 것을 두고 창피하게 생각하거나 초보 농군 티 낸다고 생각할 수 있지만 예초기의 위험성을 안다면 안전만이 왕도라는 데 동의할 것이다.

엔진식 예초기는 휘발유와 전용오일을 섞어서 사용한다. 보통 20:1의 비율인데 예초기 구입 시 따라오는 전용용기에 눈금이 새겨져 있어서 쉽게 혼합하여 사용할 수 있다. 관리상 주의할 사항으로는 1주일 이상 예초기를 사용하지 않을 경우엔 반드시 예초기 내의 오일을 빼내 주어야 한다. 그렇지 않으면 기름이 엉겨 굳어서 다음에 사용할 때 작동이 되지 않게 된다. 예초기에 쓸 휘발유는 휘발성 기름이므로 쓸 만큼만 사서 주입한다. 장시간 보관해놓은 휘발유는 예초기 성능을 떨어뜨린다.

3) 기타 제초법

풀을 제거하는 데에 여러 가지 물리적, 화학적 방제법들이 있지만 역시 가장 중요한 것은 인간과 동물, 땅에 해를 끼치지 않는 생태적, 환경적 방제법이다. 생태적으로 작물이 잡초보다 잘 자랄 수 있도록, 즉 경합의 우위를 점할 수 있도록 재배 관리하는 방법을 말한다. 특정 동물이나 식물 등을 이용하여 잡초를 방제하는 생물적 방제법도 이에 해당된다고 볼 수 있다. 유기농법의 대명사로 알려진 우렁농법이나 오리농법이 대표적인 생물적 방제법이다.

지피식물을 활용하는 것도 좋은 예다. 지피식물은 땅을 낮게 덮는 식물들을 말한다. 낮은 키로 자라나서 바닥을 덮어버리면 그 밑에 있는 잡초들의 발아와 생육에 영향을 끼쳐 잡초밭이 되는 것을 막아준다. 과수원이나 주택의 정원 등에 활용하면 좋다. 돌나물은 활용도가 많은 대표적인 지피식물이다. 먹을 수도 있고 번식도 잘 된다. 돌나물 자체도 아름답지만 노랗게 피어나는 꽃도 참 예쁘다. 꽃 예쁜 지피식물로는 꽃잔디도 빠지지 않는다. 특히 정원 가꿀 때 꽃잔디는 조연이 아닌 주연 역할을 하기도 한다. 잔디 같은 느낌을 주고 싶다면 맥문동도 추천할 만하다.

공원이나 유적지 등에 조경공사 하면서 맥문동을 많이 심는데 이는 잡초의 발육을 막으면서 잔디 느낌을 주기 위함이다.

또한 잡초가 자라지 않도록 노출된 땅을 덮어주는 물리적인 방법도 효과적인 제초법이다. 특히 작물을 재배하는 밭에는 예초기를 함부로 돌릴 수도 없고 제초제를 뿌리기도 곤란하다. 이럴 땐 아예 작물을 재배할 때 볏짚 깔기, 부직포 덮어주기, 검정비닐 멀칭 등의 방법으로 잡초의 성장을 막아버리는 게 좋다.

자주 다니지 않는 길에는 다소 비싸긴 하지만 야자매트를 깔아놓으면 보기도 좋고 멀쩡한 길이 잡초밭 되는 것을 막아준다. 생물적 제초법, 친환경적 제초법에 대해서는 앞으로도 많은 연구가 필요하다.

여러 가지 제초제

4) 알면 약초, 모르면 잡초

우리가 흔히 잡초라고 하여 제거의 대상으로 삼는 풀들 중에는 약초도 많다. 단지 원하지 않는 장소에서 자라다 보니 재배하는 작물에 방해가 되어 효율성을 떨어뜨리는 것이 문제다. 약초로 쓸만한 잡초들은 자리를 잡아 옮겨 심는 것도 하나의 방법이다. 요즘은 대량 재배를 통해 농작물로서 비싼 몸값을 받는 것도 많다. 흰민들레, 우슬, 쇠비름 등은 주목받는 약초들이다.

잡초 서식지	여러 가지 잡초
논	강피, 물피, 뚝새풀, 올미, 올방개, 물달개비, 여뀌, 가래, 개구리밥 등
밭	뚝새풀, 바랭이, 방동사니, 비름, 냉이, 명아주, 닭의장풀, 망초광대나물, 쇠비름, 쑥, 조뱅이, 씀바귀, 참소리쟁이 등
잔디밭	명아주, 망초, 별꽃, 광대나물, 쇠비름, 닭의장풀, 개불알풀, 클로바, 제비꽃, 민들레, 쑥, 질경이 등
집 주위	괭이밥, 민들레, 쇠무릎, 도꼬마리, 제비꽃, 쇠비름, 한련초, 냉이, 쑥 등

자료: 잡초방제기술 (농촌진흥청, 2000)

* 흰민들레(토종민들레)

국화과의 여러해살이풀인 민들레는 쌉싸름한 맛이 입맛을 살려줘 아주 인기가 높다. 3~6월에 꽃이 피는데 흰색이라 노란 민들레와 쉽게 구별이 된다. 나물과 국거리 등 식용으로도 인기가 높지만 약용으로도 효과가 좋다.

민간에서는 해열, 이뇨, 건위, 소염 등에 효능이 있다고 알려져 있으며 감기, 기관지염, 인후염, 변비 등의 질환에 쓰기도 한다.

* 쇠무릎(우슬)

우슬은 민가 주위나 산자락 초입에서 흔하게 볼 수 있는 약초다. 보통은 뿌리를 약재로 쓰는데 무릎 아픈데, 관절염, 어혈을 풀어주는 데 좋다. 무릎 아픈 농촌의 어른들이 우슬을 다려서 식혜를 만들어 먹으며 통증을 달랬다.

요즘은 우슬을 재배하기도 하는데 자연산보다 약간 싼 가격에 시장 가격대가 형성되어 있다. 모든 약재가 다 그렇지만 우슬 역시 민가 주위에 자라다 보니 제초제에 오염되기 쉽다. 오염되지 않은 깨끗한 우슬을 캐서 사용하여야 한다.

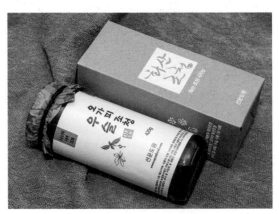

농촌에서 가장 흔한 잡초인 우슬을 활용해서 조청을 만들었다

* 쇠비름

전국의 들녘에 자라는 1년생 초본이다. 두툼한 잎을 하고 있어 다육식물의 하나로 봐도 무방하다. 번식력과 적응력이 강하여서 캐내 놓아도 금세 말라 죽지 않을 정도다. 식용과 약용의 역사도 꽤 오래된다. 불포화지방산인 오메가3가 다량 함유되어 있으며 해열, 해독, 항균, 지혈 효과가 있다. 예로부터 종기, 치질, 세균성이질, 습진, 대하, 자궁출혈 등에 사용하였다. 연한 잎줄기를 살짝 데쳐 무치면 훌륭한 자연요리가 된다.

약성 뛰어난 잡초로 쇠비름이 대표적이다. 깨끗이 손질하여 반찬으로 만들어도 좋다.

* 뚱딴지(돼지감자)

북미가 원산인 다년생 초본으로 번식력이 매우 강하다. 보통은 덩이 모양을 한 뿌리 구경(球莖)을 사용한다. 꽃은 작은 해바라기 느낌이 나는데 8~10월에 핀다. 덩이줄기는 사료용으로 많이 썼었지만 건강에 좋다고 하여 요즘 식용을 많이 한다. 볶아서 차로 우려내 마셔도 좋다. 덩이줄기에 이눌린(Inulin)을 비롯하여 헬레니엔(Helenien), 베타인(Betain), 녹말, 당분 등이 함유되어 있고 진통과 자양강장의 효능이 있다. 특히, 당뇨에 좋다고 하여 많이 유명해졌다.

* 배암차즈기(곰보배추)

햇볕이 잘 들고 약간 습한 들녘에서 잘 자라는, 꿀풀과의 두해살이풀이다. 오돌톨한 모양이 못생긴 배추 같다고 하여 곰보배추라는 별명이 붙었다.

민간에서는 비염과 천식 등에 좋다고 많이 활용하고 있으며 최근 뉴스에서는 골다공증 치료제로 연구 중이라는 보도도 나왔다.

7. 윤택있는 삶, 지역문화 활동

　귀농인들의 특징 중 하나가 문화를 만들고 스스로 즐길 줄 안다는 점이다. 지역을 알리고, 지역과 소통하고, 지역의 가치를 더 높이기 위한 다양한 활동들을 펼치며 스스로 보람을 느끼면서 의미를 찾는다. 문화활동에 앞장서는 귀농인들은 때론 문화공급자인 동시에 문화소비자가 되기도 한다.

　그런데 이런 귀농인들의 특성은 처음부터 그랬다기 보다는 농촌이라는 환경이 그렇게 만든 측면이 있다. 도시에서는 쳇바퀴 같은 삶에 쫓겨 다른 생각을 할 틈이 없다. 어쩌면 지역문화활동이 사치였는지도 모른다. 그런데 농촌에 와보니 다양한 채널을 통해서 지역문화 활동을 할 수 있는 길이 열려 있다. 각종 공모사업도 많아서 열정이 있고 사업기획 능력만 있으면 국가의 예산 도움을 받아 무슨 사업이든지 할 수 있다. 게다가 그런 프로그램을 기다리는 다양한 문화 소외계층이 있다. 농사에 쫓기는 지역민들보다는 뭔가 해보려는 의욕으로 무장한 귀농인들이 이런 사업에 더 관심 많다.

귀농인들은 다양한 문화예술활동을 통해서 성취감과 보람을 갖고 지역의 문화적 발전을 꾀하는데 일조했다는 점에서 긍지도 갖는다. 이런 귀농인들의 활동은 매스컴을 통해서 널리 알려지고 있다.

사례27 글쓰기하는 마을 어르신들

P씨는 올 초 '지역특성화문화예술교육지원사업'에 공모하여 20,000,000원의 사업비를 지원 받았다. P씨는 뜻이 맞는 귀농인들과 함께 한글을 모르는 지역의 어른들을 모셔다가 한글을 가르쳐 주었다. 기초부터 시작하여 간단한 시 쓰기까지, 어른들의 반응은 폭발적이었다. '선상님 고맙습니다'를 연발하며 손수 농사지은 감자나 양파 등을 가지고 오기도 하였다. P씨도 보람을 느꼈다.

1년 가까이 이어진 문화예술교육 과정이 마무리 되는 연말에는 발표회도 가졌다. 여러 사람들의 글을 모아 작은 문집도 만들었다. 연말 발표회에서 한글을 깨우친 어느 할머니는 여러 사람 앞에서 글을 읽으며 눈물을 쏟아냈다. 한 귀농인의 열정으로 평생의 한이 시원하게 풀리는 순간이었다. 초대받은 면장이나 군의회 의원, 지역 인사들이 큰 감동을 받았음은 두말할 필요 없겠다.

P씨는 마을 주민들의 전폭적인 지지를 바탕으로 마을가꾸기 사업까지 추진 중이다. 아름다운 마을, 주민이 행복한 마을, 특산물과 체험 프로그램의 개발로 농가소득도 올리고 관광객들이 꾸준히 찾아

올 수 있는 마을을 만드는 것이 목표이다.

문화예술사업이 꼭 예산을 지원받아야 할 수 있는 건 아니다. 뜻만 있으면 어떤 열악한 환경에서도 멋지게 할 수 있는 것이 문화예술사업이다.

사례28 도예공방에서 도예 가르치는 A씨

도시에서 도예를 배웠던 A씨는 귀농하여 집 한 켠에 작은 작업장을 만들었다. 아파트 생활하던 도시와 달리 작업장이 생겼으니 본격적으로 도예 작업을 해볼 생각이었다. 그리곤 혼자 보다는 여럿이 하는 게 더 재미있을 것 같아서 지역주민들을 상대로 도예체험 프로그램을 운영하였다. 다행스럽게도 반찬 그릇 정도는 직접 만들어서 쓰겠다는 사람들이 많아서 수강 신청자들이 대거 몰려들었다. A씨는 그들과 함께 도예작업을 했다. 지역사회에 소문이 나기 시작하였고 행정에서는 마을 단위로 도예사업을 할 수 있도록 예산 지원을 해주겠다고 하였다.

무엇보다도 A씨는 지역주민들과 의미 있는 문화생활을 하고 있다는 것에 대해 큰 보람을 느꼈다.

P씨와 A씨는 자신의 바쁜 시간을 쪼개어 지역주민들과 함께 하였지만 그 기쁨이나 보람은 그 시간들을 보상해주고도 남았다. 더군다나 그들 뿐 아니라 그 프로그램에 참여한 지역 주민들 모두 살맛나는 세상을

살고 있는 게 아닌가.

생각하기 따라서는 도시보다 문화활동의 기회가 더 많은 곳이 바로 농촌이다.

귀농인들이 지역민과 함께한 문화활동 사업을 한 권의 책으로 묶었다.

8. 혼자만 잘 살면 뭔 재민겨, 더불어 사는 삶

　요즘은 '재능기부'가 일반화되어 있다. '더불어 사는 삶'에 가치를 두는 사람들이 많아졌으니 건강한 사회라 할 만하다. 농촌도 예외가 아니다. 농촌에도 재능기부 문화가 활성화되어 있다. 특히, 귀농인들의 움직임이 활발하다.

　고창군의 예를 들면, 귀농귀촌인들로 구성된 귀농귀촌협의회 회원들이 재능기부봉사단을 운영하면서 정기적으로 지역에 봉사활동을 펼친다. 그때그때 마을을 지정해서 방문한 뒤, 독거노인이나 형편이 어려운 가정들을 찾아서 여러 가지 도움을 주고 있다. 집수리가 필요한 분에겐 집수리를, 뜸 마사지가 필요한 분들에겐 뜸을 놓아주기도 한다. 불편함을 참아가며 사용했던 전기를 손봐준다든지, 대문이나 싱크대 같은 고장 난 가재도구들을 고쳐준다든지. 장수사진을 찍어준다든지 등…… 그 활동 분야도 다양하다.

귀농인들이 모이면 각양각색의 손재주도 모아진다. 모두 도시에선 한 가락씩 했던 솜씨들이다. 재능기부의 매력은 특별한 재능이 없어도 할 수 있다는 것이다. 농가의 폐기물이나 쓰레기들을 치워준다든지 집 청소를 해주는 것도 멋진 재능기부 활동이다. 귀농인들이 지역민들에게 펼치는 재능기부는 지역민들을 위한 일이면서 귀농인들을 위한 일이기도 하다.

고창군의 선운산여행문화원 회원들로 구성된 '마실팀'은 관내 마을로 마실을 나가면서 지역주민들의 장수사진을 촬영해주는 일을 4년간 이어오고 있다. 단순히 장수사진을 촬영해 주는 봉사활동만이 목적이 아니라 주민들과 소통하면서 이해와 배려의 마음을 배우자는 게 목적이다. 일방적인 배움이나 가르침이 아니다. 귀농인들은 지역민들에게 배우고 지역민들은 귀농인들에게 배운다. 재능기부 봉사활동이 지역사회에 어떤 긍정적인 결과를 가져다주는지 헤아려볼 수 있는 대목이다.

몇십 년을 농촌에서 살아온 지역민들과는 생각도 다르고 행동도 다를 수밖에 없는 귀농인들. 귀농인들이라면 무조건 싫어하는 지역 인심이 아직도 일부 지방에 남아있는 게 현실인데 재능기부는 그런 오해를 풀 수 있는 좋은 방법이다. 특히나 농촌에는 도움의 손길이 필요한 가정이 많다. 독거노인도 흔하고 할머니가 손자를 돌보고 있는 조손가정도 의외로 많다. 낯선 이국땅에 와서 외로움과 함께 문화적 충돌을 겪고 있는 다문화가정도 마찬가지다.

거기에 비하면 어떤 사연을 안고 귀농했든지 간에 귀농인은 대체로 행복한 상황이다. 행복은 나눌수록 배가 된다. 모두가 농촌에서 함께, 어우러져 행복하게 사는 것이 곧 내가 행복하게 사는 길이다. 이웃과 내가 따로따로가 아니라는 생각을 한다면 어느 마을에서도 환영을 받고 짧은 시간에 마을공동체 구성원으로 인정을 받을 것이다.

한편, 한국농어촌공사에서도 재능기부 프로그램을 운영하고 있다. 스마일뱅크(http://www.smilebank.kr)란 사이트를 방문하면 다양한 재능기부 프로그램을 이용할 수 있다. 재능기부가 필요한 농촌마을에서도 이용할 수 있고 재능기부를 하고 싶은 사람들도 여기에 등록을 하면 도움 요청이 들어오는 중개 시스템이다.

지역의 농협이 주도한 김장김치 봉사 활동

9. 행복한 노후를 위하여

　많은 도시인들이 여유롭고 행복한 노후를 위하여 귀농을 선택하고 있다. 그러나 귀농만이 모든 것을 해결해주지는 않는다. 농촌에서도 농촌에 맞는 노후 준비를 하여야 한다. 무작정 '나이 먹어 은퇴하면 농촌에나 내려가서 편안히 여생을 보내야지'하는 생각은 위험하다. 농촌형 노후 준비에 소홀히 한다면 도시보다 더 외롭고 더 힘든 노후를 보낼 수 있다.

　노후 준비는 여러 가지 측면에서 생각해볼 수 있는 문제인데 첫째가 경제적인 측면이다. 경제적인 문제는 도시든 농촌이든 필수적인 문제고 선결적인 문제다. 연금과 같이 최소한의 생활비가 보장이 되어야 할 것이다. 도시에서는 은퇴자들이 구할 수 있는 직업이 참 많고 다양하다. 반면에 농촌에서는 은퇴자들이 구할 수 있는 직업이 제한적이다. 재능기부나 자원봉사와 같이 일할 수 있는 무대가 곧잘 주어지지만 경제활동이라 볼 수 없어 고정수입을 기대하긴 어렵다. 노령인구들이 유일하게 대접받으며 일할 수 있는 분야가 농업 현장인데 그 노동 강도가 만만치 않다. 특히, 도시에서 귀농한 초보 농군이라면 품삯 받으며 남의 농사일 다니기가 쉽지 않다. 다행히 동네에서 일감을 준다고 하여도 금세 몸에 무리가 와 배보다 배꼽이 더 큰 상황이 생길 수 있다. 경제적인 준비는 노후 준비의 첫 단추다.

1) 마을회관 속으로

농촌에서의 노후는 두둑한 호주머니로만 해결되는 건 아니다. 사회적 측면에서도 준비할 게 있다. 먼저 인구 구성 측면에서 농촌의 특성을 살펴보자. 젊은 층의 귀농인구가 늘고 있다고 하지만 여전히 농촌은 고령화 사회이다. 마을에서 젊은 사람들이 차지하는 비중은 극히 일부다. 비슷한 또래의 지역주민들과 소통하고 교류하지 않는다면 공동체 구성원으로서의 대우를 받기 어렵다.

마을공동체의 구심점 역할을 하는 곳은 마을회관이다. 별다른 일이 없을 때는 마을 어른들이 모여서 사는 이야기도 나누고 음식도 나눠 먹는 곳이 마을회관이다. 마을회관을 노인회관(경로당)과 겸하고 있는 마을이 대부분이다. 노인회, 노인회관에 지원되는 운영비를 마을회관 운영비로 융통성 있게 사용하고 있는 마을도 많다. 경로당이라고 거부감을 가질 것이 아니라 마을소통의 장이라 생각하고 자주 들러서 교류를 하여야 한다. 마을 현안에 관심도 가지고 친구도 사귀면서 진정한 '마을사람'이 되도록 노력하여야 한다.

2) '나홀로 집'은 위험

귀농인들의 공통적 특징은 마을의 정주공간과 조금 떨어진 한적한 곳에 집을 짓는다는 것이다. 생활방식과 가치관이 조금 다르기 때문에 사생활 보호를 받고 싶고 자연환경 좋은 곳을 선호하다 보니 자연스레 마을 외곽으로 거처를 정하게 된다.

문제는 나이가 들었을 때 생긴다. 마을 안에 살게 되면 이래저래 마을 사람들의 출입이 잦게 되지만 멀리 떨어져 살게 되면 갑자기 다급한 일이 생겨도 마을 사람들이 알 길이 없다. 특히 가족과 떨어져 혼자 사는 경우는 매우 위험하다.

혼자 떨어져 살게 되면서 겪는 어려움도 귀농의 적이다. 아름다운 자연환경도 한 두 해이지 결국은 사람들과 교류하는 삶이 더 아름답고 행복하다는 것을 깨닫게 된다.

불가피하게 마을과 동떨어져 집을 지었다면 마을회관에 자주 얼굴을 내밀고 행정기관에서 지원하는 복지 프로그램을 자주 이용한다. 우체부나 택배사원 등 자주 방문하는 외부인들과도 친하게 지내 마을에서 근황을 알 수 있도록 노력하는 게 좋다. TV 프로그램에서 멋지게 보여지는 '나는 자연이다' 같은 모습이나 은둔형 귀농은 위험하다.

3) 이해와 포용으로 존경받는 어른이 되자

노년층과 젊은 층간의 세대 갈등을 겪고 있는 마을이 종종 있는데 서로 간의 이해와 소통이 부족한 경우가 대부분이다. 마을 원로라고 사적인 이해만 생각한다거나 젊은 층과의 대화를 소홀히 하면 문제가 발생한다.

마을 안에서 존경받는 어른이 될 수 있도록 이해와 포용력을 갖는 게 중요하다. 젊은이들과 교류를 자주 갖는 것도 좋다. 결국 마을을 이끌고 가는 이들은 젊은 사람들이기 때문이다. 마을의 어른들을 부양할 이도 역시 젊은 사람들이다. 힘과 용기를 가지고 있는 젊은이들에게 마을 어른들이 가지고 있는 지혜와 경험을 빌려줄 수 있다면 그 마을의 미래는 희망찰 것이다.

4) 철저한 건강관리가 관건

나이 들수록 병원 갈일이 많다. 병원 가까이 살아야 한다는 논리에서 보면 노후의 농촌생활은 어쩌면 이율배반적일 수도 있다. 그러나 조금만 지혜를 가진다면 농촌에서도 도시 못지않은 의료 환경을 누릴 수 있다.

먼저 지역의 의료시스템을 잘 활용하자. 가장 손쉽게 이용할 수 있는 곳이 보건소이다. 요즘 보건소는 시설도 좋고 여러 가지 서비스 프로그램도 운영한다. 잘 사귀어 놓은 보건소 직원은 아들딸보다 낫다. 전문적인 진료가 필요하면 읍내권에 있는 병의원을 이용한다. 대중교통을 이용하게 되면 거의 하루를 투자해야 하는 아쉬움이 있으니 자가용 이용과 같이 기동성을 살릴 수 있는 대책을 미리 마련해두면 좋다.

중증 질환 시에 달려갈 수 있는 인근 타 지역의 병원도 관계를 맺어 둔다. 아무리 오지라고 해도 도청 소재지와 같이 큰 도시가 자동차로 한 시간 남짓 거리에 있기 마련이다. 한 시간 남짓이면 도시에서도 큰 병원

달려가는 시간과 별 차이가 없다. 농촌에는 교통체증이 없기 때문에 이동 거리에 비해 소요 시간은 짧다. 정기적인 건강검진을 해당 병원에서 한다든지 단골 병원 삼아놓으면 도움이 된다. 만성질환이 있어 병원을 자주 간다면 주치의처럼 의사를 사귀어 놓는 것도 요령이다.

5) 행복은 둘이서

이런저런 이유로 배우자 없이 귀농하여 여생을 보내려는 사람들이 많다. 가끔은 인생 2막 단꿈을 꾸려고 내려왔다가 불의의 사고나 질병으로 혼자 남는 경우도 있다. 안타까운 일이다.사별, 이혼, 피치 못할 사정 등…… 도시나 농촌이나 행복은 둘이 함께할 때 의미가 있다. 배우자의 존재는 농촌에서도 특별하다.

흔히 말하길, 여자는 혼자 살아도 남자는 혼자 못산다고 한다. 그래서일까, 농촌에서 60대가 넘어선 남성들은 재혼하기가 쉽지 않다. 특히, 요즘은 일부의 이야기이겠지만 혼자 남은 농촌 남성들의 재혼에 비즈니스를 방불케 하는 조건이 따라붙어 세상 변화를 실감케 한다.

그런 막대한 대가를 치러서라도 '홀아비' 딱지를 떼려고 하는 사람들이 농촌에는 많다. 그런 안쓰러운 상황을 만들지 않으려면 둘이 '같이' 귀농하여 오순도순 건강하고 재미있게 오래오래 살아야 하겠다. 그게 행복이지 행복이 뭐 별건가.

사례29 농촌결혼 신풍속도

　귀농인은 아니지만 토박이 황씨의 사례는 오늘날 변해버린 농촌의 인구 구조와 결혼관을 실감케 한다. 환갑을 갓 넘긴 황씨는 평생을 고생하며 함께 살아온 아내를 작년에 사별하고 올해 재혼을 하였다. 죽은 아내에겐 미안한 일이지만 혼자 밥 해 먹는 것도, 혼자 빨래하는 것도, 혼자 농사일하는 것도 힘들었다. 무엇보다 해 떨어지면 옆에 함께 할 사람이 없다는 사실이 견딜 수 없었다.

　중매로 만난 3살 아래 여인 B씨는 서글서글하니 첫눈에도 호감이 가는 얼굴이었다. 중매를 통해 건넨 조건은 결혼과 동시에 농지 명의를 여성 앞으로 바꿔주고 매달 생활비조로 100만원 씩 달라는 것이었다.

　B씨가 마음에 들었던 황씨는 그렇게 하기로 하고 사별 1년이 안 되어 재혼을 하였다. 첫해는 B씨가 서툰 솜씨나마 밭일도 도와주고 옆에 있는 시간이 많았는데 2년째 되면서 자주 읍내로 외출하는 시간이 많아졌다. 황씨는 다시 혼자서 밥을 차려먹는 일이 늘어났고 밭일도 혼자 하는 경우가 대부분이었다.

　황씨가 뒤늦게 후회를 한 것은 2년도 채 채우지 못하면서였다. '이럴 줄 알았으면 차라리 외국 여성이라도 데리고 올걸'하고 후회하며 주위에 신세타령을 늘어놓았지만 이미 때는 늦은 뒤였다.

6) 항상 젊게 살자

주위를 둘러보면 나이는 제법 많이 먹었는데 SNS 나 블로그를 운영하면서 젊은 사람들보다 더 감각 있게 사는 이웃이 종종 있다. 나이 먹어서 새로운 문물을 익히고 공부를 한다는 건 분명 쉬운 일이 아니다. 하지만 그런 과정을 통해서 젊은이보다 더 젊게 사는 건 사실이다. 일상을 의욕적으로 생활하니 몸과 마음이 건강해질 수밖에 없다.

농촌에서도 취미생활을 할 수 있으니 나이에 관계없이 즐길 수 있는 평생의 취미를 만드는 것도 하나의 방법이다. 카메라를 들고 축제장 마다 쫓아다니는 할아버지들은 이미 낯익은 풍경이 되었다. 꽃을 키운다거나 생태나 문화해설사로 지역의 구석구석을 누비는 경우도 흔한 사례다.

모임에 참여할 일이 생겨도 젊은 사람들이 많은 모임, 젊은이들과 어울릴 수 있는 모임에 가입하자. 젊은 생각이 젊은 행동을 만들고 젊은 행동이 젊은 나이를 만든다.

마을 주민들이 한데 모여 맛있는 음식을 즐기며 하루를 즐겁게 보내는 칠석놀이

도움되는 정보들

귀농 인기 지자체의 지원정책(고창, 상주)

1. 고창군 귀농귀촌 지원정책(2022년)

▪▪ 귀농인 영농정착금

구분	내용
지원내용	귀농 초기 영농에 필요한 준비와 정착을 장려하기 위한 정착금 지원
지원대상	도시지역에서 1년 이상 거주하다가 농업경영을 목적으로 귀농한 전입 3년 이내의 세대주(만60세 이하)
지원금액	1인당 1백만원 지원 (1년차 50%, 2년차 25%, 3년차 25% 분할 지원)
신청문의	농업기술센터 귀농귀촌팀(063-560-8817)

⬛ 귀농인 농가주택 수리비 지원

구분	내용
지원내용	고창군 이외 지역에서 1년이상 거주하다 농업을 목적으로 귀농하여 빈집 또는 기존 주택을 수리하여 거주하고자 하는 전입 5년 이내의 세대 (선정시 지원)
지원금액	1인당 3백만원 한도 지원(지붕개량, 주방 보수, 보일러 교체 등)
신청문의	농업기술센터 귀농귀촌팀(063-560-8817)

⬛ 소규모 귀농귀촌 기반조성

구분	내용
지원내용	3~10세대 소규모 귀농귀촌 공동체 거주지를 조성하고자 하는 귀농귀촌 공동체
지원대상	공동체 조성에 따른 진입로, 상하수도 등 기반시설 지원
지원금액	5천만 원 이내 (선정시 지원), 6세대 이상은 1억 원
신청문의	농업기술센터 귀농귀촌팀(063-560-8817)

⬛ 귀농귀촌 멘토 컨설팅

구분	내용
지원내용	영농 정책에 관한 조언을 해줄 수 있는 멘토 소개
지원금액	귀농귀촌자 또는 희망자
신청문의	농업기술센터 귀농귀촌팀(063-560-8817)

▪▪ 도시민 팸투어 체험 지원(홈스테이)

구분	내용
지원내용	고창으로 귀농귀촌을 희망하는 예비귀농인이 고창의 농가 홈스테이를 통해 사전에 농촌생활을 체험해보는 프로그램
지원대상	고창으로 귀농귀촌 희망가족
지원금액	숙박비 및 식대지원
신청문의	농업기술센터 귀농귀촌팀(063-560-8826)

▪▪ 농기계 임대지원

구분	내용
보유기종	관리기 등 60종 444대
지원대상	고창군 거주 농업인
임차료	기종별 상이
신청문의	농업기술센터 농기계지원팀(063-560-8847)

▪▪ 마을환영회 지원

구분	내용
지원내용	귀농귀촌인이 마을에 원활하게 정착하기 위한 마을환영회 비용 지원
지원대상	당해연도 귀농귀촌인이 전입한 마을의 대표(이장)
지원금액	50만원 한도
신청문의	농업기술센터 귀농귀촌팀(063-560-8817)

■■ 귀농귀촌 동아리 지원

구분	내용
지원내용	귀농귀촌인의 자기개발 및 인적 네트워크 형성을 위한 동아리 활동 비용지원
지원금액	동아리당 60만원(선정시 지원)
신청문의	농업기술센터 귀농귀촌팀(063-560-8817)

■■ 귀농인 농업창업 및 주택구입지원(융자지원)

구분	내용
신청대상	농촌 외의 지역에서 농업 외의 산업분야에 종사한(하는) 자로, 농업을 전업으로 하거나 농업에 종사하면서 이와 관련된 농식품 가공·제조업 겸업하기 위해, 농촌으로 이주하여 농업에 종사하는 자로 만 65세 이하인 자(선정시 지원) ※ 주택 구입 및 신축자금은 연령 제한 없음.
신청자격	귀농·영농교육 100시간 이상 이수 도는 귀농자 중 농업인 인정규모로 실제 영농 종사기간 6개월 이상인 자
신청기한	농촌지역 전입일로부터 5년 이내
융자한도	창업자금 300백만원, 주택 75백만원 한도
융자조건	5년 거치 10년 원금 균등 상환(연 2%)
신청문의	농업기술센터 귀농귀촌팀(063-560-8817)

2. 상주시 귀농귀촌 지원정책

ᆶ 귀농귀촌 지원사업 안내

사업명	사업내용	사업대상	지원 금액	사업량	신청시기
귀농인 정착지원	소형농기계, 저온저장고, 농업시설 등 영농기반 시설	65세 이하 전입 5년이내 농업인 (부부이상)	보조400만원/ 자부담100만원	40	매년 1월 ~ 소진시
귀농귀촌인 주택 수리비지원	도배, 장판, 화장실, 보일러 등 수리비 지원	전입5년이내 귀농귀촌인 (부부 이상)	보조500만원/ 자부담500만원	20	
귀농귀촌인 주민초천행사 지원	집들이비용 지원	전입2년이내 귀농귀촌인	보조40만원	40	상시
귀농귀촌인 주거 임대료 지원	임대한 농가주택의 임대료 지원	전입5년이내 귀농귀촌인 (3회 신청 가능)	1인가구: 연120만원 2인가구: 연 180만원 3인가구: 연240만원 4인 이상 기구: 연300만원	12 ~ 30	상시
귀농농업 창업	농지구매/ 시설 등	65세 이하 전입5년이내 농업인/희망자	최대3억원	30 ~ 40	상/하반기 (1월/6월)
귀농 주택구입	농가주택 구입/ 신축		최대7천5백만원		
귀농인농어촌진흥 기금	운영자금/ 시설 등	65세이하 전입5년이내 농업인/희망자 (부부 이상)	1천~5천만원	3 ~ 10	1월
소규모전원마을조성지원	진입도로, 상하수도 등	5~19가구 전원 마을 입주희망자 (관외 전입자)	7천~1억원	2	상시

▪ 농촌에서 살아보기

귀농귀촌을 희망하는 도시민들이 농촌에 미리 거주하며 일자리와 생활 등을 체험하고 주민과 교류하는 기회를 가질 수 있는 프로그램

- 참가자에게는 참가 기간의 주거와 연수 프로그램, 매월 30만 원의 연수 수당 제공
- 교육, 영농체험, 간담회, 보험료 등 프로그램 진행에 필요한 비용 지원

〈2021년도 농촌에서 살아보기 프로그램 현황〉

운영 주제	운영 형태	운영기간	프로그램 수행 내용	주소	참가 인원	주거 형태
은자골마을 영농조합법인	귀농형	1차: 4월~6월 2차: 8월~10월	영농작업 및 선배농가 방문	은척면 황령길 9	6	체험마을 펜션
상주다움사회적협동조합	청년프로젝트 참여형	7월~11월	토종종자 및 농촌컨텐츠 프로젝트 수행	이안면 이안2길 3	4	조립식주택 귀농인의 집

▪ 상주 서울농장

서울시민과 도시민들의 귀농·귀촌교육과 도농교류 활동, 농촌힐링체험 등을 위한 시설

위치 : 상주시 이안면 이안2길 3(이안리 270)

연락처 : 054-541-2200(상주다움 사회적협동조합)

시설현황 : 숙박실(4~5인용 7실), 휴게실, 식당, 교육장

■ 창업오피스 (귀농귀촌형 공공임대주택)

공검중학교 폐교 부지에 조성된 청년 귀농귀촌 희망자들을 위한 공공임대주택단지. 시골에 와서 생활하고자 하는 청년층에게 안정적인 주거 마련과 농업 및 농산업 창업을 위한 시설로, 공동체를 이루어 생활할 수 있도록 26세대의 주거시설과 주민공동시설 등이 들어섰다.

위치 : 상주시 공검면 이천양정길 554-7

부지면적 : 21,093㎡

입주자격: 상주시 이외의 지역에 거주하고 있는 만45세 미만인 자

주요시설 : 단독주택(20호), 주거/창업형 오피스(6호), 주민공동시설, 공동경작지 등

문의 및 상담 : 경북 상주시 상산로 223 (남성동 140-3)

전화 054-537-7437

상주시청 농업정책과 귀농귀촌 담당

http://gwinong.sangju.go.kr

3. 귀농귀촌 관련 도움되는 사이트

귀농귀촌 도전 단계		
귀농귀촌 종합센터	http://www.returnfarm.com	농림축산식품부에서 운영하는 귀농귀촌 종합정보 센터
귀어귀촌 종합센터	http://www.sealife.go.kr	한국어촌어항공단에서 운영하는 귀어 정보
농업교육 포털	http://www.agriedu.net	농업인 각종 교육관련 정보. 농림수산식품교육문화정보원에서 운영
토지e음	http://eum.go.kr	각종 토지정보, 토지이용계획원 열람
법원 경매정보	http://www.courtauction.go.kr	경매로 나온 부동산 알아보기
한국 농어촌공사	http://www.fbo.or.kr	농지 임대 정보
귀농 운동본부	http://www.refarm.org	귀농 커뮤니티
부산귀농 운동본부	http://busanrefarm.org	귀농교육정보 및 커뮤니티
인드라망 생명공동체	http://www.indramang.org/	불교귀농학교, 귀농운동, 생명환경운동 대안교육 등
농지114	http://nongji114.com/	농지, 산지의 개발, 활용
전원주택 라이프	http://www.countryhome.co.kr	전원주택, 전원생활 정보
OK 시골	http://www.oksigol.com	전원주택, 전원생활 정보

지성아빠의 나눔세상 전원&귀농	http://cafe.naver.com/kimyoooo	귀농귀촌 커뮤니티 (인터넷 동호회)
귀농사모	http://cafe.daum.net/refarm/	귀농귀촌 커뮤니티 (인터넷 동호회)

귀농귀촌, 창업으로 새출발		
농식품 6차산업	http://www.6차산업.com	6차산업 관련 정보
웰촌	http://www.welchon.com	전국의 농촌체험휴양마을 정보
한국사회적 기업진흥원	http://www.socialenterprise.or.kr	사회적기업 창업을 하고 싶다면
농민신문	http://www.nongmin.com	농업, 농촌 정보
한국 농어민신문	http://agrinet.co.kr	농업, 농촌 정보

중앙정부 조직 및 농업교육 관련기관		
농림축산식품부	http://www.maf.go.kr	
농촌진흥청	http://www.rda.go.kr	
농림수산식품교육문화정보원	https://www.epis.or.kr	
국립원예특작과학원	http://www.nihhs.go.kr	
천안연암대학	http://www.yonam.ac.kr	귀농교육 프로그램
한국농수산대학교	https://www.af.ac.kr	후계농업경영인 육성 전문 교육기관

농사 짓기		
산림조합중앙회	http://www.nfcf.or.kr	
태평농법	http://www.taepyeong.co.kr	태평농법
자연을닮은사람들	http://www.naturei.net	유기농
농사로	http://www.nongsaro.go.kr	농촌진흥청에서 운영하는 영농기술 포털 정보
흙살림	http://www.heuk.or.kr	환경농업 정보

어느 초보 농군의 삐뚤삐뚤한 밭두둑.
누구에게나 초보인 때가 있다. 이 밭주인은 지금 마을 이장이 되었다.

인생2막 귀농귀촌 꿈을 이루다

인쇄일	2022년 6월 5일
발행일	2022년 6월 10일
저 자	김수남
발행처	뱅크북
신고번호	제2017-000055호
주 소	서울시 금천구 가산동 시흥대로 123 다길
전 화	(02) 866-9410
팩 스	(02) 855-9411
이메일	san2315@naver.com